计算机"十三五"规划教材

中文版 Flash CS6 动画制作
项目教程

谷　冰　吴观福　王永刚　主编

上海科学普及出版社

图书在版编目（CIP）数据

中文版 Flash CS6 动画制作项目教程 / 谷冰，吴观福，
王永刚主编. -- 上海：上海科学普及出版社，2015.1
ISBN 978-7-5427-6336-5

Ⅰ. ①中… Ⅱ. ①谷… ②吴… ③王… Ⅲ. ①动画制
作软件－职业教育－教材 Ⅳ. ①TP391.41

中国版本图书馆 CIP 数据核字（2014）第 305553 号

责任编辑 徐丽萍

中文版 Flash CS6 动画制作项目教程

谷冰 吴观福 王永刚 主编

上海科学普及出版社出版发行

（中山北路 832 号 邮政编码 200070）

http://www.pspsh.com

各地新华书店经销　　　　　　冯兰庄兴源印刷厂印制
开本 787×1092　1/16　　　印张 14　　字数 349 400
2015 年 1 月第 1 版　　　　2023 年 8 月第 2 次印刷

ISBN978-7-5427-6336-5　　　　　　定价：38.00 元

前 言 Foreword

Flash CS6 是目前最强大的动画制作软件之一,使用它可以创作逼真的动画和绚丽的多媒体作品。Flash 现在被广泛应用于网页设计和多媒体创作领域,如网页广告、网站片头、主页 Banner、Flash 整站、Flash 游戏、Flash 短片等。掌握 Flash 动画制作,已经成为网页设计、多媒体开发等专业设计人员必备的技能之一。

本书特点

为帮助广大读者快速掌握 Flash CS6 各项功能,我们特组织专家和一线骨干老师编写了《中文版 Flash CS6 动画制作项目教程》一书。本书主要有以下几个特点:

(1)全面介绍 Flash CS6 基本功能及实际应用,以各种重要技术为主线,然后对每种技术中的重点内容进行详细介绍。

(2)运用全新的项目任务的写作手法和写作思路,使读者在学习本书之后能够快速掌握 Flash 操作,真正成为 Flash 的行家里手。

(3)全面讲解 Flash 软件功能,内容丰富,步骤讲解详细,实例效果精美,读者通过学习能够真正解决实际工作和学习中遇到的难题。

(4)以实用为教学出发点,以培养读者实际应用能力为目标,通过通俗易懂的文字和手把手的教学方式讲解 Flash 软件操作中的要点、难点,使读者全面掌握 Flash 应用技能。

本书结构安排

本书结构安排如下:

项目一 Flash CS6 入门。通过对本项目的学习,读者应能熟悉 Flash 的技术和特点、Flash 动画的制作流程、Flash CS6 程序的工作界面及各部分的功能;掌握 Flash CS6 文件的基本操作方法;掌握 Flash CS6 程序中面板的操作方法;掌握标尺、辅助线、网格线的使用方法;学会布置 Flash CS6 程序界面,以更加有效地操作程序。

项目二 Flash 绘图基础。通过对本项目的学习,读者应能了解位图和矢量图的区别、Flash 中的图形对象、图层的作用;掌握位图及其与矢量图、Flash 中图形对象相互转换的操作方法;掌握图层的基本操作方法;掌握选择工具、部分选取工具、套索工具的使用方法与技巧;掌握"对齐"面板的使用方法;掌握手形工具和缩放工具的使用方法。

项目三 Flash 绘图工具的使用。通过对本项目的学习,读者应能掌握线条工具、铅笔工具、矩形工具组、刷子工具、喷涂刷工具、Deco 工具等绘制工具的使用方法及技巧;掌握钢笔工具组中各工具的使用方法及交互用法;掌握使用"颜色"面板调色的方法;掌握颜料桶工具、滴管工具、橡皮擦工具等颜色填充工具的使用方法与技巧。

项目四 Flash 图形的修改。通过对本项目的学习,读者应能掌握使用任意变形工具变形图形的操作方法；掌握使用渐变变形工具变形渐变颜色及位图填充的操作方法；掌握"变形"面板使用方法；掌握优化线条、线条转换为填充、扩展填充、柔化填充边缘、合并对象、排列对象、组合对象及分离对象的操作方法。

项目五　**Flash 文本的应用**。通过对本项目的学习，读者应能了解 Flash CS6 中的两种文本引擎：传统文本和 TLF 文本；掌握传统文本和 TLF 文本的应用方法；掌握结合其他工具使用文本工具制作特殊效果文本的方法。

项目六　**元件、实例和库的应用**。通过对本项目的学习，读者应能了解元件、实例和库的作用；掌握图形创建、影片剪辑及按钮元件的操作方法；掌握编辑元件的操作方法；掌握创建与编辑实例的操作方法；掌握"库"面板的使用方法。

项目七　**Flash 基本动画的制作**。通过对本项目的学习，读者应能了解 Flash 动画中帧的类型；掌握"时间轴"面板和帧的操作方法；掌握逐帧动画、传统补间动画、补间形状动画及补间动画的制作方法与技巧；掌握编辑各类基本动画的方法。

项目八　**引导动画和遮罩动画的制作**。通过对本项目的学习，读者应能熟悉引导动画和遮罩动画的原理；掌握引导动画和遮罩动画的制作方法与技巧。

项目九　**3D 动画和 IK 动画的制作**。通过对本项目的学习，读者应能掌握 3D 平移工具和 3D 旋转工具的使用方法；掌握骨骼工具的使用方法；掌握 3D 图形及 3D 动画的制作方法；掌握 IK 反向运动动画的制作方法。

项目十　**声音和视频的应用**。通过对本项目的学习，读者应能掌握为动画添加声音的操作方法；掌握编辑声音效果与压缩声音的操作方法；掌握在 Flash 中导入视频的多种方法。

项目十一　**Flash 动画的发布与导出**。通过对本项目的学习，读者应能掌握测试动画的方法；掌握动画发布设置及发布方法；掌握导出动画图像的操作方法；了解优化动画的方法。

本书编写人员

本书由沈阳职业技术学院的谷冰、广东东莞理工学校的吴观福、河南科技学院的王永刚任主编。其中，谷冰编写了项目一、三、六和十，吴观福编写了项目二、四和九，王永刚编写了项目五、七、八和十一。本书的相关资料和售后服务可扫封底的二维码或登录 www.bjzzwh.com 下载获得。

本书适合对象

本书既可作为应用型本科院校、职业院校的教材，也可作为电脑培训班及电脑学校的 Flash 教学用书，也适合于网页设计、多媒体开发等相关行业的从业人员自学使用。

本书在编写过程中，难免有疏漏和不当之处，敬请各位专家及读者不吝赐教。

编　者

目 录 Contents

项目一 Flash CS6入门

项目二 Flash绘图基础

项目三 Flash绘图工具的使用

项目四 Flash图形的修改

项目五　Flash文本的应用

项目六　元件、实例和库的应用

项目七　Flash基本动画的制作

项目八　引导动画和遮罩动画的制作

项目九　3D动画和IK动画的制作

项目十 声音和视频在动画中的应用

项目十一 Flash动画的发布与导出

项目一　Flash CS6 入门

项目概述

　　Flash 是目前功能最强大的矢量动画制作软件之一，被广泛应用于网页设计和多媒体创作等领域。Flash 程序内包括强大的工具集，具有排版精确、版面保真和丰富的动画编辑的功能，能够帮助用户清晰地传达创作构思，轻松地制作出优秀的动画作品。在本项目中将学习 Flash CS6 的入门知识和基本操作。

项目重点

- 了解 Flash 的技术和特点。
- 熟悉 Flash CS6 的工作界面。
- 掌握 Flash CS6 文件的基本操作。
- 熟练地对面板进行操作。
- 学会标尺、辅助线及网格线的使用方法。
- 了解 Flash 动画的制作流程。

项目目标

- 对 Flash 动画的特点及制作流程有大致的了解。
- 熟练掌握 Flash CS6 程序的基本操作。

任务一　Flash CS6 基础知识

任务概述

　　Flash CS6 是用于动画制作和多媒体创作以及交互式网站设计的强大创作平台，是目前最为流行的动画制作软件之一。本任务主要学习 Flash CS6 的基础知识，包括了解 Flash 技术和特点、Flash CS6 的硬件配置要求、启动与退出 Flash CS6、Flash CS6 的工作界面，以及 Flash CS6 中的常用面板等。

任务重点与实施

一、了解 Flash 的技术和特点

　　Flash 是一款具有传奇历史背景的动画软件，其产生到发展至今已有十几年的历史。经过软件功能与版本的不断更新，逐渐发展到如今的 Flash CS6 版本。Flash 作为最优秀的二维动画制作软件之一，和它自身的鲜明特点息息相关。Flash 既吸收了传统动画制作上的技巧和精髓，又利用了计算机强大的计算能力，对动画制作流程进行了简化，从而提高了工作效率，短短几年就风靡全球。

　　Flash 动画主要具有以下特点：

> **文件数据量小**：Flash 动画主要使用的是矢量图，数据量只有位图的几千分之一，从而使得其文件较小，但图像清晰。

> **融合音乐等多媒体元素**：Flash 可以将音乐、动画和声音融合在一起，创作出许多令人叹为观止的动画效果。

> **图像画面品质高**：Flash 动画使用矢量图，矢量图可以无限放大，但不会影响画面质量。一般的位图一旦被放大，就会出现锯齿状的色块。

> **适于网络传播**：Flash 动画可以上传到网络，供浏览者欣赏和下载，其具有体积小、上传和下载速度快的特点，非常适合在网络上使用。

> **交互性强**：这是 Flash 风靡全球最主要的原因之一。通过交互功能，欣赏者不仅能够欣赏动画，还能置身其中，借助鼠标触发交互功能实现人机交互。

> **制作流程简单**：Flash 动画采用"流式技术"的播放形式，制作流程像流水线一样清晰简单、一目了然。

> **功能强大**：Flash 动画拥有自己的脚本语言，通过使用 ActionScript 语言能够简易地创建高度复杂的应用程序，并在应用程序中包含大型的数据集和面向对象的可重用代码集。

> **应用领域广泛**：Flash 动画不仅可以在网络上进行传播，同时也可以在电视、电影、手机上播放，大大扩展了它的应用领域。

二、Flash CS6 的硬件配置要求

　　相对于以前版本的 Flash 软件，Flash CS6 对电脑硬件的配置有了更高的要求，用户在安装 Flash CS6 时应先检查电脑的硬件和软件配置是否满足要求。Flash CS6 的硬件配置要求见下表。

　　可以使用测试软件来检测电脑的硬件信息，如 Windows 优化大师、鲁大师等。也可以通过运行命令来检测系统信息，方法为打开"运行"框，输入并执行 msinfo32 及 dxdiag 命令。

名称	配置要求
CPU	Intel® Pentium® 4 或 AMD Athlon® 64 处理器
内存	2GB 内存（推荐 3GB 及以上）
硬盘	3.5GB 可用硬盘空间用于安装；安装过程中需要额外的可用空间（无法安装在可移动闪存设备上）
显示	1024×768 显示屏
光驱	DVD-ROM 驱动器
其他事项	多媒体功能需要 QuickTime 7.6.6 软件 Adobe Bridge 中的某些功能依赖于支持 DirectX 9 的图形卡（至少配备 64MB 显存）

三、启动与退出 Flash CS6

下面将简要介绍启动与退出 Flash CS6 的方法。

1. 启动 Flash CS6

在成功地安装了 Flash CS6 后，便可以启动 Flash CS6。在"开始"菜单中单击"所有程序"|Adobe|Adobe Flash Professional CS6 命令，如图 1-1 所示。此时，即可打开 Flash CS6 的初始界面，如图 1-2 所示。

图 1-1　选择 Flash 程序

图 1-2　打开 Flash 程序

在初始界面中，用户可以在"从模板创建"、"新建"和"打开最近的项目"3 个区域中进行所需的操作。例如，选择"新建"区域中的 ActionScript 3.0 选项（如图 1-3 所示），便可以进入其编辑界面，如图 1-4 所示。

图 1-3　新建 Flash 文件　　　　　　　　　图 1-4　文件编辑界面

2．退出 Flash CS6

如果需要退出 Flash CS6 程序，可以通过以下几种方法进行操作：

方法一：使用菜单命令退出

单击"文件"|"退出"命令，如图 1-5 所示，即可退出 Flash CS6 程序。

方法二：单击"关闭"按钮退出

直接单击应用程序窗口中右上方的"关闭"按钮，也可退出 Flash CS6 程序。

方法三：通过 Flash 图标退出

单击应用程序窗口左上角的 Flash 图标，在弹出的下拉菜单中选择"关闭"命令，如图 1-6 所示，或者直接双击 Flash 图标，也可退出 Flash CS6 程序。

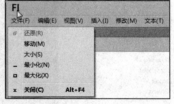

图 1-5　选择"退出"命令　　　　　　　　　图 1-6　单击程序图标

注意，若 Flash 文件在退出时没有进行保存，系统会弹出提示信息框，询问是否要保存文档，如图 1-7 所示。

如果单击"否"按钮，表示不进行保存而直接退出程序；如果单击"是"按钮，则弹出"另存为"对话框，如图 1-8 所示。选择要保存的位置，并在"文件名"文本框中输入文件名称，单击"保存"按钮，即可保存 Flash 文档。如果单击"取消"按钮或对话框右上角的"关闭"按钮，则表示取消保存操作。

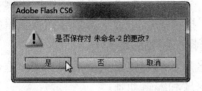

图 1-7　单击"是"按钮　　　　　　　图 1-8　"另存为"对话框

四、Flash CS6 的工作界面

Flash CS6 的工作界面与 Flash CS5 的工作界面相近，如图 1-9 所示。各区域的名称及其功能如下：

图 1-9　Flash CS6 工作界面

> **应用程序栏：** 单击应用程序栏右侧的"基本功能"下拉按钮，弹出如图 1-10 所示的下拉列表，其中提供了多种默认的工作区预设，选择不同的选项，即可应用不同的工作区布局。

在该列表最后提供了"重置'基本功能'"、"新建工作区"和"管理工作区"3 个选项。其中，"重置'基本功能'"用于恢复工作区默认状态，"新建工作区"用于根据个人喜好对工作

图 1-10　切换工作区

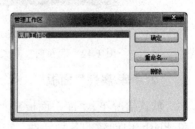

图 1-11　"管理工作区"对话框

区进行配置，"管理工作区"用于管理个人创建的工作区配置，可以进行重命名和删除等操作，如图 1-11 所示。

> **菜单栏：** 菜单栏提供了 Flash 的命令集合，几乎所有的可单击命令，都可以在菜单栏中直接或间接找到相应的操作选项。

> **窗口选项卡：** 窗口选项卡显示文档名称，提示有无保存文档。用户修改文档但没有保存，则显示"*"。如果不需要保存，则可以关闭文档。

> **编辑栏：** 在编辑栏左侧显示当前场景或元件，单击右侧的"编辑场景"按钮 ，可以选择需要编辑的场景；单击"编辑元件"按钮 ，可以选择需要切换编辑的元件。单击右侧的 100% 下拉按钮，可以选择所需要的舞台大小。

> **舞台工作区：** 舞台是放置、显示动画内容的区域，内容包括矢量插图、文本框、按钮、导入的位图图形或视频剪辑等，用于修改和编辑动画。

> **时间轴面板：** 时间轴面板用于组织和控制文档内容在一定时间内播放的图层数和帧数。

> **面板：** 面板用于配合场景、元件的编辑和 Flash 的功能设置。

> **工具箱：** 在工具箱中选择各种工具，即可进行相应的操作。

五、Flash CS6 的常用面板

在 Flash CS6 中提供了各类面板，用于观察、组织和修改 Flash 动画中的各种对象元素，如形状、颜色、文字、实例和帧等。默认情况下，面板组停靠在工作界面的右侧。下面将详细介绍几种常用的面板。

1．"颜色/样本"面板组

默认情况下，"颜色"面板和"样本"面板合为一个面板组。"颜色"面板用于设置笔触颜色、填充颜色及透明度等，如图 1-12 所示。"样本"面板中存放了 Flash 中所有的颜色，单击"样本"面板右侧的 ▼ 按钮，在弹出的下拉菜单中可以对其进行管理，如图 1-13 所示。

图 1-12　"颜色"面板

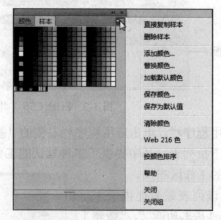

图 1-13　"样本"面板

2．"库/属性"面板

默认情况下，"库"面板和"属性"面板合为一个面板组。"库"面板用于存储和组织在 Flash 中创建的各种元件，它还用于存储和组织导入的文件，包括位图图形、声音文件和视频剪辑等，如图 1-14 所示。"属性"面板用于显示和修改所选对象的参数，它随所选对象的不同而不同，当不选择任何对象时，"属性"面板中显示的是文档的属性，如图 1-15 所示。

图 1-14　"库"面板

图 1-15　"属性"面板

3."动作"面板

"动作"面板用于编辑脚本。"动作"面板由三个窗格构成：动作工具箱、脚本导航器和脚本窗格，如图 1-16 所示。

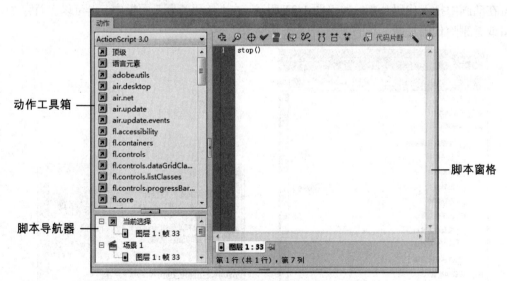

图 1-16　"动作"面板

4."对齐/信息/变形"面板

默认情况下，"对齐"面板、"信息"面板和"变形"面板组合为一个面板组。其中，"对齐"面板主要用于对齐同一个场景中选中的多个对象，如图 1-17 所示；"信息"面板主要用于查看所选对象的坐标、颜色、宽度和高度，还可以对其参数进行调整，如图 1-18 所示；"变形"面板用于对所选对象进行大小、旋转和倾斜等变形处理，如图 1-19 所示。

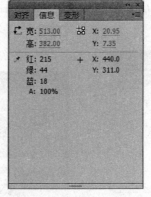

图 1-17　"对齐"面板　　　图 1-18　"信息"面板　　　图 1-19　"变形"面板

若工作区中没有这些面板，在菜单栏的"窗口"菜单下都可以找到，单击其中的命令即可显示相应的面板。

5. "代码片断"面板

在该面板中含有 Flash CS6 为用户提供的多组常用事件，如图 1-20 所示。选择一个元件后，可在"代码片断"面板中双击所需要的代码片断，Flash 将该代码片断插入到动画中。这个过程可能需要用户手动进行少量代码的修改，在弹出的"动作"面板中都会有详细的修改说明。

也可以单击"显示说明"或"显示代码"按钮，在弹出的对话框中单击"插入"按钮，即可在动画中插入代码片断，如下图 1-21 所示。在"代码片断"面板中，也可以自行添加、编辑或者删除代码片断。

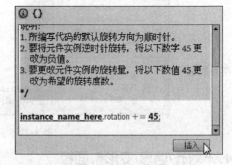

图 1-20　"代码片断"面板　　　　　图 1-21　显示代码

除了上述面板外，Flash CS6 还有许多其他的面板，如"滤镜"面板、"参数"面板、"调试控制台"面板和"辅助功能"面板等，其功能和特点在此不再一一介绍。在后面的章节中将会对其进行详细介绍，这些面板在"窗口"菜单中都可以找到，单击相应的命令即可将其打开。

任务二 Flash CS6 基本操作

任务概述

本任务主要学习 Flash 文件的基本操作，包括新建文件、保存文件、打开文件和关闭文件。

任务重点与实施

一、新建文件

使用 Flash CS6 进行动画制作，新建 Flash CS6 文件是一个最基本的操作，新建文件的操作方法为：在菜单栏单击"文件"|"新建"命令或按【Ctrl+N】组合键，弹出"新建文档"对话框，如图 1-22 所示。

在"常规"选项卡中可以创建各种常规文件，可以对选中文件进行宽度、高度、背景颜色等设置。在"描述"列表框中显示了对该文件类型的简单介绍，单击"确定"按钮，即可创建相应类型的文档。

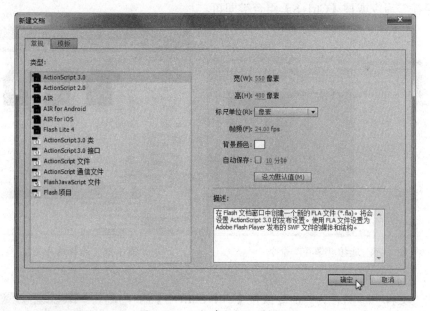

图 1-22 "新建文档"对话框

用户也可以使用模板来创建新文档，具体操作方法如下：

在"新建文档"对话框中选择"模板"选项卡，然后在"类别"列表中选择一种类别，在其右侧会显示出与其对应的模板、预览效果及相关描述信息，如图 1-23 所示。单击"确定"按钮，即可创建一个模板文件，如图 1-24 所示。

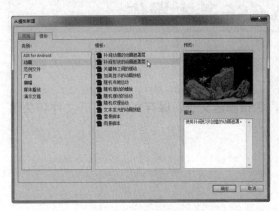

图 1-23　选择模板　　　　　　　　　　　　图 1-24　创建模板文件

二、保存文件

当制作好动画以后，需要对文件进行保存，通常有四种保存文件的方法，分别为保存文件、另存文件、另存为模板文件和全部保存文件。

（1）保存文件

如果是第一次保存文件，则单击"文件"|"保存"命令，如图 1-25 所示，弹出"另存为"对话框，其中有六种保存类型，如图 1-26 所示。如果文件原来已经保存过，则直接选择"保存"命令或按【Ctrl+S】组合键即可。

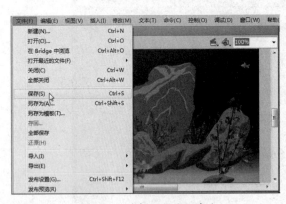

图 1-25　选择"保存"命令　　　　　　　　图 1-26　选择保存类型

（2）另存文件

单击"文件"|"另存为"命令或按【Ctrl+Shift+S】组合键，可以将已经保存的文件以另一个名称或在另一个位置进行保存，在弹出的"另存为"对话框中可以对文件进行重命名，也可以修改保存类型。

（3）另存为模板

单击"文件"|"另存为模板"命令或按【Ctrl+Shift+S】组合键，可以将文件保存为模板，这样就可以将该文件中

图 1-27　另存为模板

的格式直接应用到其他文件中，从而形成统一的文件格式。在弹出的"另存为模板"对话框中可以填写模板名称，选择其类别，对模板进行描述等，如图1-27所示。

（4）全部保存文件

"全部保存"命令用于同时保存多个文档，若这些文档曾经保存过，单击该命令后系统会对所有打开的文档再次进行保存；若没有保存过，则系统会弹出"另存为"对话框，然后逐个对其进行保存即可。

三、打开文件

单击"文件"|"打开"命令或按【Ctrl+O】组合键，弹出"打开"对话框。选择要打开文件的路径，选中要打开的文件，单击"打开"按钮即可，如图1-28所示。

图 1-28　"打开"对话框

四、关闭文件

单击"文件"|"关闭"命令或按【Ctrl+W】组合键，即可关闭文档；单击"文件"|"全部关闭"命令或按【Ctrl+Alt+W】组合键，可以一次关闭所有文档，如图1-29所示。

另外，在打开文档的标题栏上单击"关闭"按钮，也可以关闭文件，如图1-30所示。在关闭文件时，若文件未被修改或已保存，则可以直接关闭当前文件；若文件经过修改后尚未保存，则会弹出询问是否保存的提示信息框。

图 1-29　选择"关闭"命令

图 1-30　单击"关闭"按钮

五、设置文档的属性

单击"修改"|"文档"命令或按【Ctrl+J】组合键，即可打开"文档设置"对话框，用户可从中设置 Flash 文档的属性，如图 1-31 所示。单击工作区空白部分，按【Ctrl+F3】组合键，即可打开"属性"面板，从中也可设置文档属性，如图 1-32 所示。

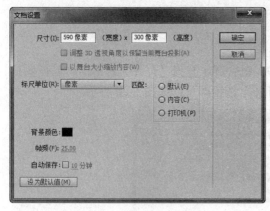

图 1-31 "文档设置"对话框

图 1-32 "属性"面板

在"文档设置"对话框中，各参数的含义如下：

➤ **尺寸**：以"像素"为单位，用于指定舞台大小。

➤ **标尺单位**：在该下拉列表中选择标尺单位，默认为"像素"。

➤ **匹配**：按"默认"、"内容"和"打印机"方式来设置舞台大小。

选中"默认"单选按钮，可将舞台大小设置为 550×400 像素。

选中"内容"单选按钮，可将舞台大小设置为与舞台内容四周空间都相等的大小，可在"尺寸"文本框中查看具体数值。若要最小化文档，可将所有元素对齐到舞台的左上角，然后选中"内容"单选按钮。

选中"打印机"单选按钮，可将舞台大小设置为最大的可用打印区域。此区域的大小是纸张大小减去"页面设置"对话框的"页边距"区域中当前选定边距之后的剩余区域。

➤ **背景颜色**：单击色块，然后从调色板中选择所需颜色。

➤ **帧频**：指定每秒显示的动画帧的数量，默认为 24。

➤ **自动保存**：指定程序自动保存文档的时间间隔，选中该复选框，然后输入时间。

任务三 Flash CS6 面板的操作

任务概述

本任务主要学习在 Flash CS6 中如何进行面板操作，其中包括展开与折叠面板，打开与关闭面板，折叠为图标与展开面板，将面板拖动为浮动状态，以及放大与缩小面板等。

任务重点与实施

一、展开与折叠面板

　　双击要折叠面板的标签，可以将面板从展开状态更改为折叠状态，如图 1-33 所示。再次双击面板标签，即可将面板从折叠状态更改为展开状态。

　　在面板标签上右击，在弹出的快捷菜单中选择"最小化组"命令，如图 1-34 所示，可以将面板从展开状态转换为折叠状态；若选择"恢复组"命令，则可将面板从折叠状态转换为展开状态。

图 1-33　展开面板

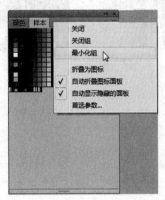

图 1-34　选择"最小化组"命令

二、打开与关闭面板

　　单击"窗口"菜单项，在弹出的下拉菜单中显示面板命令，在每个面板命令后都跟有快捷键，按此快捷键也可以打开相应的面板，如图 1-35 所示。例如，按【Alt+Shift+F9】组合键，即可打开"颜色"面板。

　　当打开某个面板后，在"窗口"菜单中相应的命令上会出现"√"标记，表示当前工作区中该面板处于打开状态，再次单击该命令即可将其关闭。在打开的面板中单击其右上角的"关闭"按钮，或在其标签栏或面板标签上右击，在弹出的快捷菜单中选择"关闭"或"关闭组"命令，也可以关闭面板，如图 1-36 所示。

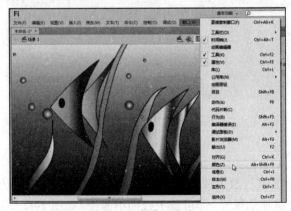

图 1-35　查看快捷键

图 1-36　选择"关闭"命令

三、折叠为图标与展开面板

双击面板顶部区域，即可将此面板折叠为图标或展开面板，如图 1-37 所示。

单击面板组右侧的"折叠为图标"或"展开面板"按钮，即可将相应的面板折叠为图标或展开面板，如图 1-38 所示。

在某个面板上右击，在弹出的快捷菜单中选择"折叠为图标"或"展开面板"命令，即可将面板折叠为图标或展开面板，如图 1-39 所示。

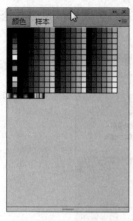 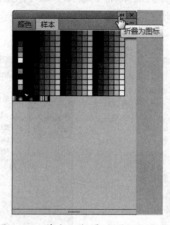 

图 1-37　双击面板顶部　　图 1-38　单击"折叠为图标"按钮　图 1-39　选择"折叠为图标"命令

四、将面板拖动为浮动状态

将鼠标指针指向面板顶部区域或面板标签上，然后按住鼠标左键并拖动，在合适的位置松开鼠标左键，即可将面板拖动为浮动状态，如图 1-40 所示。用户可以将面板拖到工作界面的任意位置，也可以拖至其他面板上，使其成为一个面板组，如图 1-41 所示。

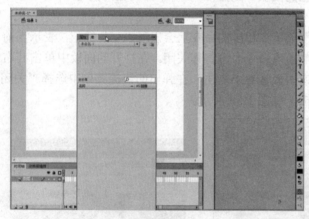 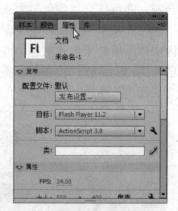

图 1-40　拖动面板　　　　　　　　　　　　图 1-41　面板组

五、放大与缩小面板

当面板显示不够大或过大时，可对其进行放大或缩小操作。将鼠标指针指向面板边缘处，当指针变为双向箭头时按住鼠标左键拖动鼠标，即可放大或缩小面板，如图 1-42 所示。

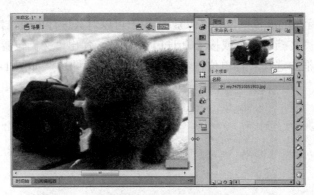

图 1-42   放大面板

任务四   Flash CS6 工作区的操作

 任务概述

在 Flash CS6 中创建动画时，标尺、网格和辅助线可以帮助用户精确地绘制对象。用户可以在文档中显示辅助线，然后使对象贴紧至辅助线；也可以显示网格，然后使对象贴紧至网格。还可以根据自己的需要更改 Flash CS6 的工作区模式，如更改面板的大小位置、增加常用面板、删除不需要的面板等，然后将其保存为自定义功能区。另外，还可对 Flash CS6 程序进行参数设置，使软件更符合自己的使用习惯。

本任务主要学习如何使用标尺、辅助线、网格线，如何设计自己的工作区，以及如何对程序进行首选参数设定等。

 任务重点与实施

一、使用标尺

在 Flash CS6 中，若要显示标尺，只需单击"视图"|"标尺"命令或按【Ctrl+Alt+Shift+R】组合键，即可在舞台的上方和左侧将显示标尺，如图 1-43 所示。另外，在舞台的空白处右击，在弹出的快捷菜单中选择"标尺"命令，也可将标尺显示出来，如图 1-44 所示。

图 1-43 另存为模板

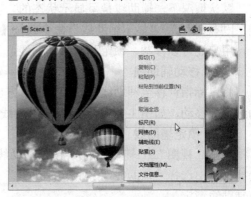

图 1-44 另存为模板

默认情况下,标尺的度量单位为"像素",用户可以对其进行更改,具体操作方法如下:

单击"修改"|"文档"命令或按【Ctrl+J】组合键,弹出"文档设置"对话框,在"标尺单位"下拉列表框中选择一种单位,单击"确定"按钮即可,如图 1-45 所示。

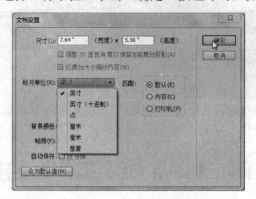

图 1-45 选择标尺单位

二、使用辅助线

在显示标尺的情况下,将鼠标指针移至水平或垂直标尺上,然后单击鼠标左键,当指针下方出现一个小三角时,按住鼠标左键并向下或向右拖动,移至合适的位置后松开鼠标左键,即可绘制出一条辅助线,如图 1-46 所示。

图 1-46 创建辅助线

默认情况下,辅助线是呈显示状态的。若辅助线没有显示出来,则可以通过单击"视图"|"辅助线"|"显示辅助线"命令或按【Ctrl+;】组合键使其显示出来。

用户还可以移动、锁定和清除辅助线,下面将分别对其进行介绍。

(1)移动辅助线

将鼠标指针移至辅助线上,当指针下方出现小三角时按住鼠标左键并拖动,即可对辅助线进行移动,如图 1-47 所示。若将辅助线拖到场景以外,则可以删除辅助线。

(2)锁定辅助线

单击"视图"|"辅助线"|"锁定辅助线"命令,或在舞台空白区域右击,在弹出的快捷菜单中选择"辅助线"|"锁定辅助线"命令,如图 1-48 所示,可将当前文档中的所有辅助线锁定。

图 1-47　移动辅助线

图 1-48　选择"锁定辅助线"命令

（3）清除辅助线

单击"视图"|"辅助线"|"清除辅助线"命令，可将当前文档中的辅助线全部清除。

单击"视图"|"辅助线"|"编辑辅助线"命令或按【Ctrl+Alt+Shift+G】组合键，弹出"辅助线"对话框，如图 1-49 所示。选中"锁定辅助线"复选框或单击"全部清除"按钮，单击"确定"按钮，即可将辅助线锁定或全部清除。在该对话框中，还可以根据需要对辅助线的颜色等进行设置。

图 1-49　设置辅助线选项

三、使用网格线

单击"视图"|"网格"|"显示网格"命令或按【Ctrl+'】组合键，舞台中将会显示出网格，如图 1-50 所示。

另外，还可以根据需要对网格的颜色和大小进行修改，而且可以设置贴紧至网格及贴紧精确度。单击"视图"|"网格"|"编辑网格"命令，在弹出的"网格"对话框中进行相应的设置即可，如图 1-51 所示。

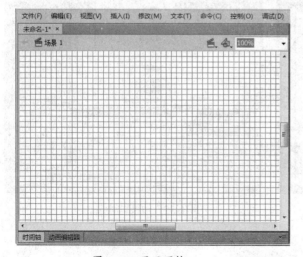

图 1-50　显示网格

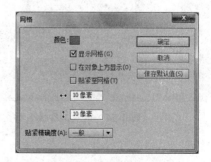

图 1-51　设置网格选项

四、自定义 Flash CS6 工作区

在 Flash CS6 中预设了"基本功能"、"开发人员"、"设计人员"、"调试"、"传统"、"动画"和"小屏幕"等 7 个工作区样式，若这些不能满足需要，还可以自定义工作区，具体操作方法如下：

Step 01 将 Flash 工作区布置为所需的效果，如将"工具"面板移至左侧，将"动作"面板添加到工作区中，如图 1-52 所示。

Step 02 单击程序标题栏中的"基本功能"下拉按钮，选择"新建工作区"选项，如图 1-53 所示。

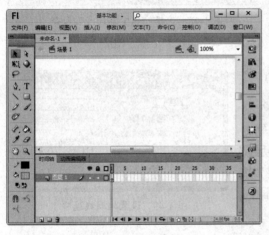

图 1-52 布置工作区　　　　　　　图 1-53 选择"新建工作区"命令

Step 03 弹出"新建工作区"对话框，输入工作区名称，单击"确定"按钮，如图 1-54 所示。

Step 04 若以后要切换到自定义的工作区，只需在"工作区"下拉列表中选择该工作区即可，如图 1-55 所示。

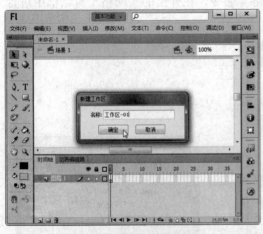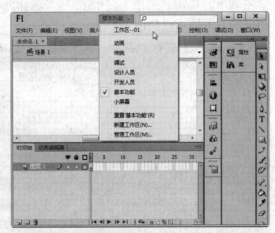

图 1-54 输入工作区名称　　　　　　　图 1-55 切换工作区

任务五　了解 Flash 动画制作流程

 任务概述

　　传统动画是由美术动画电影的传统制作方法移植而来的。它利用了电影原理，即人眼的视觉暂留现象，将一张张逐渐变化的并能清楚地反映一个连续动态过程的静止画面，经过摄像机逐张逐帧地拍摄编辑，再通过电视的播放系统使之在屏幕上活动起来。Flash 动画与传统动画有很多相似的地方，只是因为应用领域略有不同，制作的要求和流程也就不尽相同。本任务主要学习 Flash 动画的设计要求及其制作流程。

任务重点与实施

一、Flash 动画的设计要素

　　Flash 动画的设计要素是 Flash 动画的重要组成部分，下面将简要介绍 Flash 动画在设计过程中的主要设计要素。

1．预载动画（Loading 动画）

　　一个完美的 Loading 动画会给 Flash 动画增色不少，好的开始是一个动画的关键。如果网友在欣赏动画时由于网速比较慢使动画经常间断，就需要为动画添加一个 Loading 动画，使动画在播放过程中更加流畅。

2．图形

　　图形贯穿于整个 Flash 动画，只要制作 Flash 动画就必然会用到图形，并且导入元件最好是矢量图形。在帧与元素的运用上尽量少用关键帧，尽可能重复使用已有的各项元素，这样会使 Flash 动画导出后文件小一些，缩短了其在网上的下载时间。

3．按钮

　　在 Flash 动画的开头和结尾各加一个按钮，可以使 Flash 动画的播放具有完整性和规律性，使观众有选择的余地。按钮只是个辅助工具，不能滥用。在 Flash 动画播放过程中也不是不可以添加按钮，这就要看整个动画是怎么规范的，总之要素是个规范，而不是约束，灵活运用就能达到意想不到的效果。

4．ActionScript 脚本语言

　　在设计动画之前就应该规划好在什么地方添加脚本语言，希望达到什么样的效果，再添加什么语言。特别要注意的是，ActionScript 只是一个辅助工具，在需要时才去运用，只要 Flash 基本操作能够实现的效果就尽量用 Flash 来实现，不要随便使用脚本语言。在编写完 ActionScript 语言之后，需要检查其正确性。

5．音乐、音效

　　Flash 动画中的视觉效果再配上音乐，能够增强动画的感染力，使 Flash 动画更加生动、

有趣，更能吸引观众。但是，添加音乐、音效要恰如其分，否则会是画蛇添足。

二、Flash 动画的制作流程

Flash 动画的制作如同拍摄电影一样，无论是何种规模和类型，都可以分为四个步骤：前期策划、创作动画、后期测试和发布动画。

（1）前期策划

前期策划主要是进行一些准备工作，关系到一部动画的成败。首先要给动画设计"脚本"，其次就是搜集素材，如图像、视频、音频和文字等。另外，还要考虑到一些画面的效果，如镜头转换、色调变化、音效及时间设定等。

（2）创作动画

当前期的准备工作完成后，就可以开始动手创作动画了。首先要创建一个新文档，然后对其属性进行必要的设置；其次，要将在前期策划中准备的素材导入到舞台中，然后对动画的各个元素进行造型设计；最后可以为动画添加一些效果，使其变得更加生动，如应用图形滤镜、混合和其他特殊效果等。

（3）后期测试

后期测试可以说是动画的再创作，它影响着动画的最终效果，需要设计人员细心、严格地进行把关。当一部动画创作完成后，应该多次对其进行测试，以验证动画是否按预期设想进行工作，查找并解决所遇到的问题和错误。在整个创作过程中，需要不断地进行测试。若动画需要在网络上进行发布，还需要对其进行优化，减小动画文件的体积，以缩短动画在网上的下载时间。

（4）发布动画

动画制作的最后一个阶段即为发布动画，当完成 Flash 动画的创作和编辑工作之后，需要将其发布，以便在网络或其他媒体中使用。通过发布设置，可以将动画导出为 FLA、HTML、GIF、JPEG、PNG、EXE、Macintosh 和 QuickTime 等格式。

项目小结

本项目主要介绍了 Flash CS6 的基础知识及基本操作，通过本项目的学习，读者应重点掌握以下知识：

（1）了解 Flash CS6 的工作界面各个部分的功能。

（2）能够熟练掌握新建文件、保存文件、打开文件和关闭文件的操作方法。

（3）能够使用快捷键打开和关闭程序面板，并通过操作面板有效地布置工作空间。

（4）使用标尺、辅助线及网格线等辅助工具，以对动画对象进行定位。

（5）Flash 动画的制作流程主要包括前期策划、创作动画、后期测试和发布动画四个步骤，其中"后期测试"影响着动画的最终效果。

项目习题

（1）自定义"工具"面板，将"矩形"工具组中的"多角星行工具"删除，并将其移动到"线条"工具中。

操作提示：

①在 Flash CS6 程序菜单栏中单击"编辑"|"自定义工具面板"命令，打开"自定义工具面板"对话框。

②在左侧选择"矩形"工具组，在右侧选择"多角星行工具"，然后单击中间的"删除"按钮，如图 1-56 所示。

③在左侧选择"线条"工具，在"可用工具"列表中选择"多角星行工具"，然后单击中间的"增加"按钮，如图 1-57 所示。

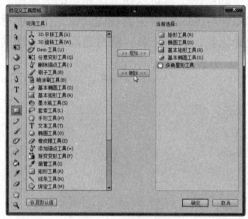

图 1-56　删除工具

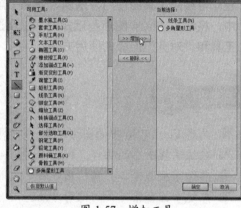

图 1-57　增加工具

④完成自定义工具面板后，单击"确定"按钮即可。

（2）对 Flash CS6 程序的首选参数进行如下设置：设置当程序启动时打开上次使用的文档；设置当导入 PSD 文件时将文字图层导入为可编辑文本。

操作提示：

①在 Flash CS6 工作界面中单击菜单栏中的"编辑"|"首选参数"命令或按【Ctrl+U】组合键，打开"首选参数"对话框，默认将进入"常规"分类。在"常规"选项中可以设置当程序"启动时"的操作，如图 1-58 所示。

②在左侧选择"PSD 文件导入器"选项，如图 1-59 所示，在右侧可以进行相关的导入选项设置。设置完成后单击"确定"按钮即可。

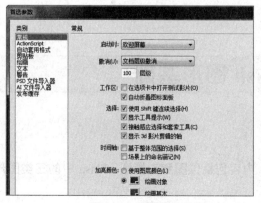

图 1-58　设置启动操作

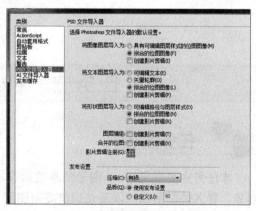

图 1-59　设置 PSD 导入选项

项目二　Flash 绘图基础

项目概述

　　在 Flash CS6 中，使用"工具"面板中的绘图工具可以绘制出精美的矢量图。在学习绘图工具的使用方法前，先来了解和学习 Flash 绘图的基础知识。在本项目中，将学习 Flash 图形基础知识，以及选择工具、套索工具、部分选取工具、辅助工具和"对齐"面板的使用方法。

项目重点

- 熟悉 Flash CS6 中的图形对象。
- 熟练掌握图层的操作。
- 熟练掌握选择工具的使用方法。
- 熟练掌握套索工具的使用方法。
- 熟练掌握部分选取工具的使用方法。
- 熟练使用"对齐"面板以多种方式对齐对象。

项目目标

- 掌握 Flash 图形对象相互转换的方法。
- 能够使用快捷键调用不同的选择工具。
- 能够根据不同的需要选择合适的选择工具并熟练运用。

任务一　Flash 图形基础

TASK　任务概述

　　本任务主要学习 Flash 图形的基础知识，内容包括位图和矢量图、Flash 中的三类图形对象，导入外部图像，以及认识与编辑图层。

任务重点与实施

一、位图和矢量图

位图和矢量图是计算机图形中的两大概念，这两种图形都被广泛应用到出版、印刷、互联网等各个领域。这两种图形在不同的场合有着各自的优缺点，下面分别对其进行简单介绍。

1．位图

位图是由像素阵列的排列来表现图像的，每个像素都有着自己的颜色信息。它可以很好地表现图像的细节，多用于照片和艺术绘画等，这是矢量图所无法表现的。但它的缩放性不好，当放大位图的尺寸时会影响图像的显示效果，导致图像模糊，甚至出现马赛克现象，如图 2-1 所示。

图 2-1　位图

2．矢量图

矢量图是通过数学函数来实现的，它并不像位图那样记录画面上每一像素的颜色信息，而是记录了图像的形状及颜色的算法。当把一个矢量图形放大数倍以后，其显示效果仍然和原来的相同而不会出现失真的情况，如图 2-2 所示。

图 2-2　矢量图

因为无论显示画面是大还是小，画面上的对象对应的算法是不变的。使用 Flash 绘图工具绘制出的图形都是矢量图形，它的优点一是图像质量不受缩放比例的影响，二是文件的尺寸较小，但不适合创建连续的色调、照片或艺术绘画等，而且高度复杂的矢量图也会使文件尺寸变得很大。

3. 位图和矢量图之间的转换

在 Flash 中可以很轻松地实现位图与矢量图之间的转换，下面进行详细介绍。

（1）位图转换为矢量图

Step 01 打开素材文件"石头.fla"，可以看到为一块石头的位图，如图 2-3 所示。

Step 02 使用选择工具选择位图，在菜单栏单击"修改"|"位图"|"转换位图为矢量图"命令，如图 2-4 所示。

图 2-3　打开素材文件　　　　　　图 2-4　选择"转换位图为矢量图"命令

Step 03 弹出"转换位图为矢量图"对话框，根据需要设置参数，单击"确定"按钮，如图 2-5 所示。

Step 04 使用缩放工具将舞台放大，发现图像是由一块一块的颜色区域构成的，如图 2-6 所示。

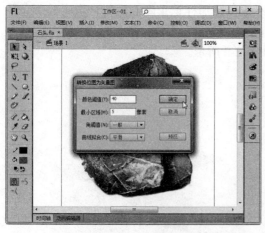

图 2-5　设置转换参数　　　　　　图 2-6　查看转换效果

在"转换位图为矢量图"对话框中，各个选项的含义如下：

- ➤ **颜色阈值**：数值越低，转换后的矢量图形使用的颜色就越多；数值越高，转换后的矢量图形中使用的颜色就越少。
- ➤ **最小区域**：这是一个半径值，可以用像素来度量。颜色阈值用它来决定将哪种颜色给中心像素，并决定临近像素是否使用相同的颜色。

➤ **曲线拟合：**该下拉列表框包含 6 个选项，用于控制图形轮廓的光滑程度。

➤ **角阈值：**该选项和曲线拟合相似，用于控制图形中角的多少。

（2）矢量图转换为位图

Step 01 打开素材文件 "dog4.fla"，选择矢量图形，单击"修改"|"转换为位图"命令，如图 2-7 所示。

Step 02 此时，即可将矢量图转换为位图，放大图像后可以看到一个个的像素点，如图 2-8 所示。

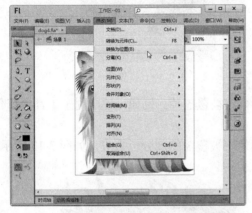

图 2-7　选择"转换为位图"命令　　　　图 2-8　查看转换效果

二、Flash CS6 中的图形对象

在 Flash CS6 中有三种图形对象：形状、绘制对象和原始对象，下面将逐一进行介绍。

1．形状

在使用工具箱中的绘图工具进行绘制时，取消选择其选项区中的"对象绘制"按钮 ，则绘制出来的图形就是形状。通过"属性"面板便可以获知所选对象的类型，将所绘制的图形选中，打开"属性"面板，就会发现其类型为"形状"，如图 2-9 所示。

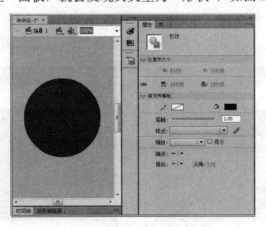

图 2-9　选择 Flash 程序

当在同一图层中绘制互相叠加的形状时，则最顶层的形状会截去在其下面与其重叠的

形状。例如，使用椭圆工具绘制一个椭圆，然后使用线条工具绘制一条穿过椭圆的直线，如图 2-10 所示。

使用选择工具依次拖动直线和椭圆，会发现椭圆和直线被分割成了几部分，如图 2-11 所示。因此，形状是一种破坏性的绘制模式，该模式又称作合并绘制模式。

 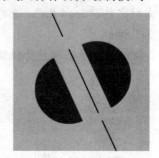

图 2-10　绘制图形　　　　　　　图 2-11　分隔图

当形状之间进行叠加时，则不同颜色的部分将被覆盖掉。例如，使用刷子工具在草莓图像上绘制一个图形，如图 2-12 所示。

使用选择工具将绘制的图形移开，草莓图像中被覆盖的部分已丢失，如图 2-13 所示。

图 2-12　绘制图形　　　　　　　图 2-13　移除图形

当形状之间进行叠加时不同的颜色会被覆盖掉，而相同的颜色将会融合在一起，组成一个新的图形。利用图形之间的覆盖关系可以得到丰富的图形效果，在绘制矢量图形时这一项功能十分有用。例如，打开素材文件"04.fla"，将两个不同颜色的圆进行叠加（如图 2-14 所示），然后将其中的一个圆移走，此时即可得到月牙的形状，效果如图 2-15 所示。

 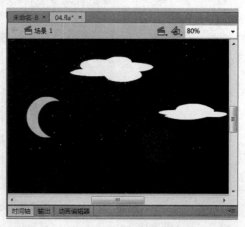

图 2-14　叠加图形　　　　　　　图 2-15　分隔图形

2. 绘制对象

在使用工具箱中的绘图工具进行绘制时,单击其选项区中的"对象绘制" 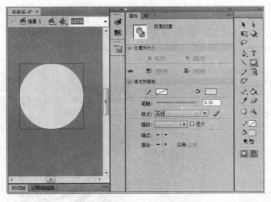 按钮 或按【J】键,使其呈按下状态,则绘制出来的图形就是绘制对象,如图 2-16 所示。

图 2-16 创建绘制对象

每个绘制对象都是一个独立的对象,当在同一图层中相互叠加时绘制对象之间不会产生分割的现象。例如,使用椭圆工具绘制两个大小不一、颜色不同的圆,然后使用选择工具拖动较小的圆,并使其与较大的圆叠加,如图 2-17 所示。

图 2-17 叠加绘制对象

图 2-18 分隔绘制对象

使用选择工具拖动较小的圆使其分离,发现它们仍然是独立的图形,而不会产生分割和重组的现象,如图 2-18 所示。

3. 图元对象

图元对象是指可以通过"属性"面板调整其特征的图形形状,可使用户在创建了形状之后还可以精确地控制形状的大小、边角半径以及其他属性,而无需重新绘制,如图 2-19 所示为矩形图元,图 2-20 所示为椭圆图元。在 Flash CS6 中,有两种图元对象:矩形图元和椭圆图元。使用基本矩形工具和基本椭圆工具可以绘制这两种图元对象。

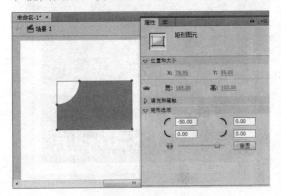

图 2-19 矩形图元

图 2-20 椭圆图元

4．形状和绘制对象之间的转换

打开素材文件"蝴蝶 1.fla"，使用选择工具选中蝴蝶形状，单击"修改"|"合并对象"|"联合"命令，如图 2-21 所示。

此时，即可将形状转换为绘制对象，打开"属性"面板，可以看到图形的属性为"绘制对象"，如图 2-22 所示。要将绘制对象转换为形状，只需单击"修改"|"分离"命令或按【Ctrl+B】组合键即可。

图 2-21 选择"联合"命令   图 2-22 查看对象属性

三、导入外部图像

下面将介绍如何将外部图像导入到舞台，将图像导入到舞台后"库"面板中会自动存放该图像（关于"库"面板的使用，在后面的章节进行详细介绍），以便重复使用。

1．导入位图

Step 01 单击"文件" | "导入" | "导入到舞台"命令或按【Ctrl+R】组合键，将弹出"导入"对话框，选择要导入的图像，单击"打开"按钮，如图 2-23 所示。

Step 02 此时，即可将所选图像导入到舞台上，如图 2-24 所示。

图 2-23 选择位图

图 2-24 导入位图

2. 导入 GIF 动态图像

GIF 动态图像是由多张图像通过一帧帧串联组成的，从而形成了动画，下面将介绍如何导入 GIF 动态图像。

Step 01 单击"文件"｜"导入"｜"导入到舞台"命令，如图 2-25 所示。

Step 02 弹出"导入"对话框，选择要导入的 GIF 动态图像，单击"打开"按钮，如图 2-26 所示。

图 2-25　选择"导入到舞台"命令

图 2-26　选择 GIF 图像

Step 03 此时，即可导入 GIF 图像到舞台上，默认是以舞台的左上角为基点导入的，如图 2-27 所示。

Step 04 打开"时间轴"面板，可以看到其由多帧组成，选择一个关键帧，即可查看 GIF 图像中的另一张图片，如图 2-28 所示。

图 2-27　导入 GIF 图形

图 2-28　查看帧

四、认识与编辑图层

在创建和编辑 Flash 文件时，使用图层可以方便地对舞台中的各个对象进行管理。通常将不同类型的对象放在不同的图层上，还可以对图层进行管理，以便于创作出具有特殊效果的动画。

1．认识图层

与其他图像处理或绘图软件类似，在 Flash 中也具有图层。不同图层中的对象互不干扰，使用图层可以很方便地管理舞台中的内容。在 Flash CS6 中新建一个文档时，工作界面中只有一个图层，随着内容愈加复杂，就会需要更多的图层来组织和管理动画。图层位于"时间轴"面板的左侧，如图 2-29 所示。

在绘制图形时，必须明确要绘制的图形在哪个图层上，在当前图层上会有一个 标志。在时间轴的图层区域下方有三个按钮，分别用于新建图层、新建图层文件夹和删除图层，如图 2-30 所示。

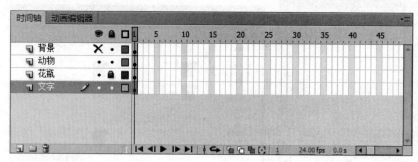

图 2-29 "时间轴"面板　　　　　　　　图 2-30 查看图层

单击时间轴中的"新建图层"按钮 ，或单击"插入"|"时间轴"|"图层"命令，即可插入一个新的图层，默认名称为"图层 2"。新建的图层自动处于当前编辑状态，且图层显示为蓝色，如图 2-31 所示。

单击"图层 1"将其选中，然后单击"新建图层"按钮 ，将在"图层 1"和"图层 2"之间插入一个名为"图层 3"的新图层，如图 2-32 所示。新插入的图层只会在当前选择的图层之上插入。图层文件夹用于组织图层，用户可将图层拖至图层文件夹中。

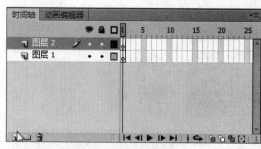
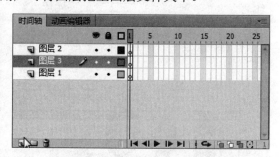

图 2-31 当前图层　　　　　　　　图 2-32 创建新图层

2．选择图层

在对图层进行各种操作之前，首先要选择图层。用户可以选择一个图层，也可以同时选择多个图层。若要选择一个图层，可以通过用鼠标左键单击该图层，如图 2-33 所示，也可以通过选择该图层中的某一帧或该图层在舞台中所对应的任何对象来选择该图层。

若要选择多个不连续的图层，可以在按住【Ctrl】键的同时逐个单击要选择的图层，如图 2-34 所示。若要选择多个连续的图层，可以先单击一个图层，然后在按住【Shift】键的同时单击另一个图层，则在这两个图层及其之间的所有图层都将被选中。

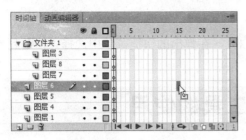

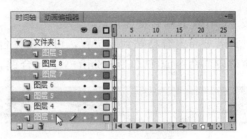

图 2-33　选择图层　　　　　　　　　　图 2-34　选择多个图层

3．重命名图层

默认情况下，新插入的图层将按照插入顺序自动命名为"图层 1"、"图层 2"、"图层 3"等。用户可以为图层重新命名以便于识别，从而提高动画制作的效率。只需通过"图层属性"对话框重命名图层（单击 图层图标即可打开）；或者在图层名称上双击，如图 2-35所示，进入图层名称的编辑状态，重新输入一个名称，然后按【Enter】键确认即可。

4．锁定图层

为了防止对图层中的内容进行误操作，可以将暂时不需要编辑的图层锁定。单击图层中的锁定开关图标🔒，即可将该图层锁定（如图 2-36 所示），再次单击则将图层解除锁定。

也可单击锁定开关图标🔒后，并按住鼠标左键向下或上方拖动来锁定多个图层。按住【Alt】键的同时单击图层中的锁定开关图标，可将当前图层解锁，而锁定其他图层。

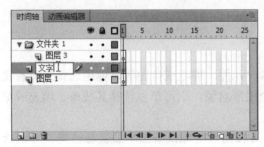

图 2-35　重命名图层　　　　　　　　　　图 2-36　锁定图层

5．显示/隐藏图层

单击图层中的"显示/隐藏"开关，即可显示或隐藏图层。也可以在"显示/隐藏"开关上单击鼠标左键并向上或下滑动来显示或隐藏多个图层。

单击图层上方的"显示/隐藏所有图层"按钮👁，可以将所有图层隐藏，并且所有图层对应的隐藏开关全部显示为✖标志，表示不可见。按住【Alt】键的同时单击图层的隐藏开关✖，可以将该图层显示出来，而将其他所有图层中的内容隐藏。

6．改变图层排列顺序

将鼠标指针置于图层上，按住鼠标左键并向上或下拖动，即可改变图层的排列顺序。

7．复制图层内容

当需要在现有图层内容的基础上进行一定的修改以得到新的图层时，可以复制现有图层的内容，然后粘贴到新的图层中。

要复制图层内容，只需选中图层后按【Ctrl+C】组合键，然后选择要粘贴内容的帧，按【Ctrl+V】组合键即可。

若要将内容粘贴到原位置，可右击舞台空白处，在弹出的快捷菜单中选择"粘贴到当前位置"命令或按【Ctrl+Shift+V】组合键。

任务二　选择工具的使用

任务概述

在对对象进行操作前，必须要选中该对象。在 Flash CS6 中提供了多种选择对象的工具，其中包括选择工具、部分选择工具和套索工具。

选择工具是 Flash 中使用频率最高的工具，用于选择舞台中的一个或多个对象，也可以移动对象和修改未选择的线条和填充图形。

选取工具箱中的选择工具 或按【V】键，即可调用该工具。在本任务中，将详细介绍选择工具的使用方法。

任务重点与实施

一、使用选择工具选取对象

1．选择单个对象

在 Flash CS6 中，若要选择的对象为文本、元件、群组或位图等，使用选择工具直接单击该对象即可将其全部选中。若要选择一个图形对象，则可单独选择其线条、填充或整个对象，具体操作方法如下：

Step 01　打开素材文件"01.fla"，使用选择工具在图形边缘线条上单击鼠标左键，可以选择部分线条，如图 2-37 所示。

Step 02　在图形线条上双击，可以选择与其相邻及颜色相同的所有线条，如图 2-38 所示。

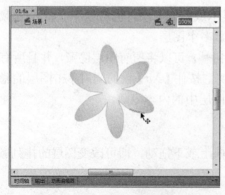

图 2-37　选择部分线条

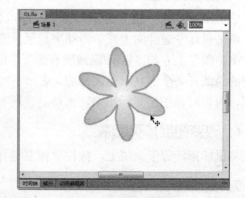

图 2-38　选择全部线条

Step 03　单击图像填充处，可以选择图像的填充部分，如图 2-39 所示。

Step 04　双击图形填充处，可以同时选择图形的填充和线条，如图 2-40 所示。

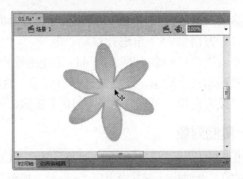

图 2-39　选择填充　　　　　　　　　图 2-40　选择填充和线条

2. 选择多个对象

若要选择舞台中的全部对象，可以单击"编辑"|"全选"命令或按【Ctrl+A】组合键。若要选择舞台中的部分对象，可以通过点选和框选的方法来进行操作，具体操作方法如下。

Step 01　打开素材文件"02.fla"，调用选择工具，按住【Shift】键的同时逐个单击对象，即可选中多个对象，如图 2-41 所示。

Step 02　调用选择工具并移至舞台，当鼠标指针变为 时按住鼠标左键拖出选框，选框中的对象即可被全部选中，如图 2-42 所示。

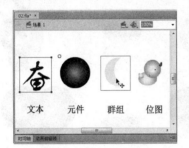

图 2-41　选择多个对象　　　　　　　图 2-42　框选对象

二、使用选择工具调整对象

使用选择工具可以轻松地移动、复制及修改对象形状，下面将分别进行介绍。

1. 移动对象

调用选择工具，将鼠标指针移至对象上，当指针变为 形状时按住鼠标左键并拖动，拖至目标位置后松开鼠标左键即可移动对象，如图 2-43 所示。

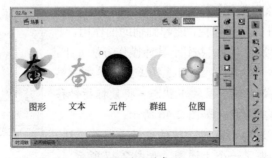

图 2-43　移动对象

在移动对象时，按住【Shift】键的同时拖动鼠标，可以将对象沿着水平、垂直或与水平（垂直）方向呈 45°角进行移动。

若要一次性移动多个对象，可以先使用选择工具选择多个对象，然后进行移动操作。若要微微移动某个对象，只需先选择该对象，然后按键盘上的方向键即可。在按住【Shift】键的同时按方向键，可以一次移动 10 个像素。

2. 复制对象

使用选择工具可以轻松地复制对象，按住【Ctrl】键或【Alt】键的同时单击并按住鼠标左键拖动对象，此时指针下方将出现"+"号，拖至目标位置后松开鼠标，然后松开【Ctrl】键或【Alt】键即可。

3. 修改对象

使用选择工具也可以修改图形的边框及填充：调用选择工具后，在没有选中图形的情况下将鼠标指针移至图形的边缘，当指针变为 ⌐或 ⌐形状时拖动鼠标，拖至目标位置后松开鼠标即可，如图 2-44 所示。在按住【Ctrl】键的同时拖动鼠标，鼠标指针将自动变为 ⌐形状，此时即可创建一个角点。

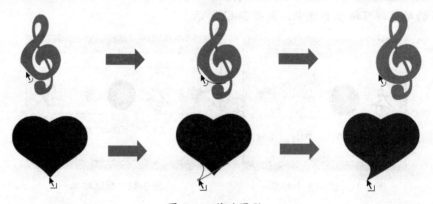

图 2-44 修改图形

三、使用选择工具功能按钮

在选择工具中有 3 个功能按钮，分别为"贴紧至对象"、"平滑"和"伸直"按钮，如图 2-45 所示。下面将分别介绍它们的使用方法。

1. 贴紧至对象

单击"贴紧至对象"按钮 🧲，使其呈按下状态，在移动或修改对象时可以进行自动捕捉，能起到辅助的作用。下面将介绍如何使用"贴紧至对象"按钮，具体操作方法如下：

Step 01 打开素材文件"树.fla"，调用选择工具，单击"贴紧至对象"按钮，使其呈按下状态。将鼠标指针移至右侧叶子的中心点，如图 2-46 所示。

Step 02 待鼠标指针变为 ⌐₊形状时，按住鼠标左键并拖动，在其中心点出现了一个小圆圈，如图 2-47 所示。

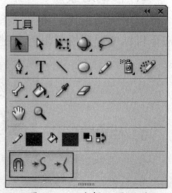

图 2-45 选择工具功能

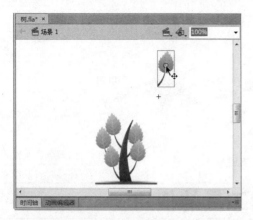

图 2-46 选择对象　　　　　　图 2-47 移动对象

Step 03 当捕捉到树干的边或顶点时，小圆圈会变粗、变大，如图 2-48 所示。

Step 04 到达目标位置后松开鼠标左键，然后在舞台的空白处单击鼠标左键取消选择即可，如图 2-49 所示。

图 2-48 贴紧对象　　　　　　图 2-49 查看贴紧效果

2. 平滑图形

使用"平滑"按钮可以使线条和填充图形的边缘接近于弧线。使用选择工具选择图形后，多次单击"平滑"按钮，可以使图形接近于圆形，如图 2-50 所示。

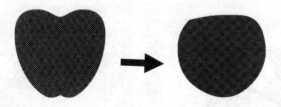

图 2-50 平滑图形

3. 伸直图形

使用"伸直"按钮可以使线条或填充的边缘接近于折线。使用选择工具选择图形后，多次单击"伸直"按钮，可以使弧线变成折线，如图 2-51 所示。

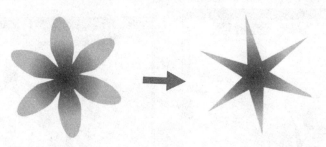

图 2-51　伸直图形

任务三　套索工具的使用

任务概述

　　若要选择某个图形的一部分不规则区域，使用选择工具或部分选取工具就显得无能为力了，这时可以使用套索工具进行选择。

　　在"工具"面板中单击"套索工具"按钮 或按【L】键，即可调用该工具。套索工具有三种模式：套索模式、多边形模式和魔术棒模式。在本任务中，将详细介绍套索工具的使用方法。

任务重点与实施

一、绘制不规则选区

　　使用套索工具的默认模式可以绘制不规则选区，调用套索工具后在图形上拖动绘制选区形成一个环，或者让 Flash 自动用直线闭合成环，具体操作方法如下：

Step 01 打开素材文件"shop.fla"，按【L】键，调用套索工具，此时鼠标指针变成了 形状。按住鼠标左键并拖动，绘制选择区域，如图 2-52 所示。

Step 02 松开鼠标左键后，选择区域中的图形将会被选中，如图 2-53 所示。

图 2-52　绘制选区

图 2-53　创建选区

Step 03 按【V】键调用选择工具，在选区外单击鼠标左键，如图 2-54 所示。

Step 04 此时，即可反选选区，如图 2-55 所示。

图 2-54　单击选区外区域

图 2-55　反选选区

二、绘制直边选区

使用套索工具的多边形模式可以通过单击的方法来创建直边选区，具体操作方法如下：

Step 01 选择套索工具，在其选项区中单击"多边形模式"按钮，如图 2-56 所示。

Step 02 在舞台中通过单击鼠标左键即可绘制选区，选区绘制完成后双击鼠标左键即可，如图 2-57 所示。

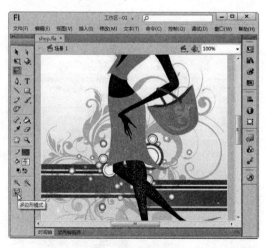

图 2-56　单击"多边形模式"按钮

图 2-57　绘制多边形选区

专家指导
Expert guidance

　　在创建选区时，若要使多个选区叠加组成新的选区，可在按住【Shift】键的同时继续创建选区。

三、使用魔术棒模式选取对象

使用套索工具的魔术棒模式可以选择图形中包含相同或类似颜色的各个区域，具体操作方法如下：

Step 01 选择套索工具，在其选项区中单击"魔术棒设置"按钮 ，如图 2-58 所示。

Step 02 弹出"魔术棒设置"对话框，设置阈值，然后单击"确定"按钮，如图 2-59 所示。在"阈值"框中输入数值，可以定义选择范围内相邻或相近像素颜色值的相近程度。阈值越大，选择的范围就越大。

图 2-58　单击"魔术棒设置"按钮　　　　　　　图 2-59　设置魔术棒参数

Step 03 魔术棒设置完成后，在套索工具的选项区中单击"魔术棒"按钮 ，如图 2-60 所示。

Step 04 使用魔术棒在人物衣服上单击鼠标左键，即可选中衣服，如图 2-61 所示。

图 2-60　单击"魔术棒"按钮　　　　　　　　　图 2-61　创建选区

Step 05 单击"工具"面板下方的"填充颜色"按钮，在弹出的色板中选择所需的颜色，如图 2-62 所示。

Step 06 此时，人物衣服的颜色变为所选的颜色，如图 2-63 所示。

图 2-62　选择填充颜色　　　　　　　　　图 2-63　查看填充效果

任务四　部分选取工具的使用

　任务概述

　　部分选择工具主要用于修改和调整对象的路径，它可以使对象以锚点的形式进行显示，然后通过移动锚点或方向线来修改图形的形状。在"工具"面板中单击"部分选择工具"按钮 ▹ 或按【A】键，即可调用该工具。在本任务中，将详细介绍部分选取工具的使用方法。

　任务重点与实施

一、使用部分选取工具调整图形

　　下面举例介绍如何使用部分选取工具调整图形的形状，具体操作方法如下：

Step 01　打开素材文件"yuan.fla"，可以看到两个交叉的圆形，如图 2-64 所示。

Step 02　调用选择部分选择工具，将鼠标指针移至图形边缘处，当指针变为 ▹ 形状时单击鼠标左键，这时图形周围出现了一系列锚点，如图 2-65 所示。

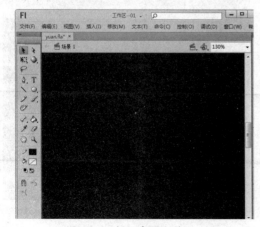

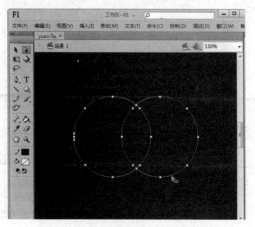

图 2-64　打开素材文件　　　　　　　图 2-65　使用部分选择工具单击对象

Step 03 单击锚点即可将锚点选中，同时出现该锚点的切线方向，拖动锚点即可调整其位置，如图 2-66 所示。

Step 04 将鼠标指针移至锚点方向线的端点上，当指针变为▶形状时按住鼠标左键并拖动，即可改变曲线的曲率，如图 2-67 所示。

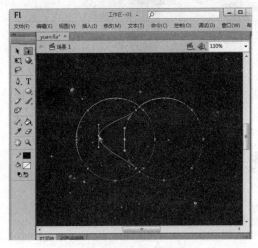

图 2-66　移动锚点

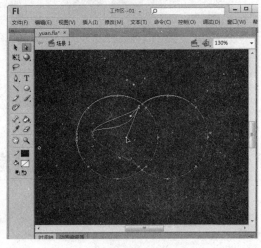

图 2-67　调整曲率

二、结合按键灵活使用部分选取工具

在使用部分选取工具调整路径时，按住【Ctrl】键的同时可以移动路径的位置；按住【Alt】键的同时调整锚点的方向线，可以单独调整其一边的曲率。下面将介绍如何结合按键将形状调整为心形。

Step 01 使用选择工具选择两个圆形交叉的部分，并按【Delete】键将其删除，如图 2-68 所示。

Step 02 调用部分选取工具，在线条上单击显示图形路径，将下方的锚点向下拖动，如图 2-69 所示。

图 2-68　删除形状

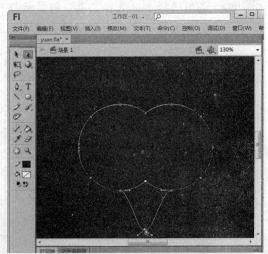

图 2-69　移动锚点

Step 03 在下方锚点两侧的锚点上单击将其选中，如图 2-70 所示。

Step 04 按【Delete】键，将选择的锚点删除，效果如图 2-71 所示。

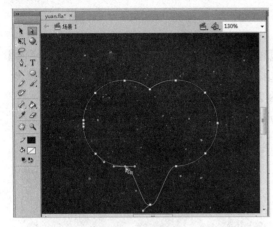

图 2-70　选中锚点　　　　　　　　　　图 2-71　删除锚点

Step 05 将鼠标指针移至下方锚点方向线的左端点上，当指针变为▶形状时按住【Alt】键的同时向右上方拖动，如图 2-72 所示。

Step 06 用同样的方法，调整另一个方向线的方向。按住【Ctrl】键的同时拖动路径，调整形状的位置，如图 2-73 所示。

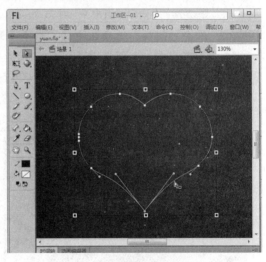

图 2-72　调整方向线　　　　　　　　　　图 2-73　调整路径位置

任务五　"对齐"面板的使用

　任务概述

　　使用"对齐"面板能够沿水平或垂直轴对齐所选对象，还可以沿选定对象的右边缘、中心或左边缘垂直对齐对象，或者沿选定对象的上边缘、中心或下边缘水平对齐对象。按【Ctrl+K】组合键，可以打开"对齐"面板。在本任务中，将学习"对齐"面板的使用方法。

任务重点与实施

一、对象与对象对齐

Step 01 打开素材文件"dog3.fla",按【Ctrl+A】组合键,全选舞台上的三个对象。按【Ctrl+K】组合键,打开"对齐"面板,取消选择"与舞台对齐"复选框,单击"对齐"选项组中的"垂直中齐" 按钮,如图 2-74 所示。

Step 02 此时,将选择的对象以水平中心点为基点进行对齐,效果如图 2-75 所示。

图 2-74 单击"垂直中齐"按钮

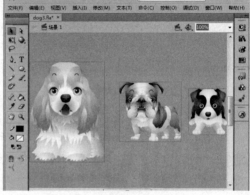

图 2-75 查看垂直中齐效果

Step 03 单击"间隔"选项组中的"水平平均间隔"按钮,使选择的对象在水平方向上等距分布,如图 2-76 所示。

Step 04 单击"匹配大小"选项组中的"匹配高度"按钮,可以使所选对象的高度相同,如图 2-77 所示。

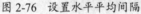

图 2-76 设置水平平均间隔

图 2-77 匹配高度

二、相对于舞台对齐

Step 01 按【Ctrl+A】组合键,全选舞台中的对象,在"对齐"面板中选中"与舞台对齐"复选框,如图 2-78 所示。

Step 02 单击"对齐"选项组中的"底对齐"按钮,可以将选择的对象相对于舞台底部对齐,如图 2-79 所示。

图 2-78　设置与舞台对齐　　　　　　　　　图 2-79　设置底对齐

Step 03 单击"间隔"选项组中的"水平居中分布"按钮，可以将所选对象相对于舞台在水平方向上居中分布，如图 2-80 所示。

Step 04 单击"间隔"选项组中的"垂直平均间隔"按钮，可以使所选对象相对于舞台在垂直方向上的间隔距离相同，如图 2-81 所示。

图 2-80　设置水平居中分布　　　　　　　　图 2-81　设置垂直平均间隔

Step 05 单击"对齐"选项组中的"垂直中齐"按钮，可以将所选对象相对于舞台的垂直方向居中对齐，如图 2-82 所示。

Step 06 单击"匹配大小"选项组中的"匹配高度"按钮，可以将所选对象的高度与舞台高度相同，如图 2-83 所示。

图 2-82　设置垂直中齐　　　　　　　　　　图 2-83　匹配高度

任务六　辅助工具的使用

任务概述

在"工具"面板中包含了两个辅助工具：手形工具和缩放工具，分别用于平移和放大舞台。在本任务中，将详细介绍这两种工具的具体用法。

任务重点与实施

一、使用手形工具平移舞台

当舞台的空间不够大或所要编辑的图形对象过大时，可以使用手形工具移动舞台，将需要编辑的区域显示在舞台中。

打开素材文件"名车.fla"，单击工具箱中的"手形工具"按钮 或按【H】键，即可调用该工具，如图 2-84 所示。当鼠标指针变为 形状时，按住鼠标左键并拖动即可移动舞台，如图 2-85 所示。

图 2-84　调用手形工具　　　　　　　　　　图 2-85　移动舞台

在选择其他工具的情况下，按住空格键可以临时切换到手形工具，当松开空格键后又将还原到原来的状态。还可以双击"手形工具"按钮 ，将舞台以适合窗口大小显示。

二、使用缩放工具缩放舞台

缩放工具用于对舞台进行放大或缩小控制，单击工具箱中的"缩放工具"按钮 或按【Z】键，即可调用该工具。

调用缩放工具后，在其选项区中有"放大"按钮 和"缩小"按钮 两个功能按钮，可用于放大和缩小舞台。缩放工具有三种模式，分别为"放大"、"缩小"和"局部放大"，下面进行详细介绍。

Step 01　打开素材文件"海滩.fla"，按【Z】键调用缩放工具，在其选项区中单击"放大"按钮 ，如图 2-86 所示。

Step 02　在舞台上单击鼠标左键，即可将舞台放大至两倍，如图 2-87 所示。同样，单击"缩小"按钮 ，然后在舞台上单击鼠标左键，可以将舞台缩小一半。

图 2-86　单击"放大"按钮

图 2-87　放大舞台

Step 03　调用缩放工具后，无论是在放大模式还是在缩小模式下，将鼠标指针移至舞台上，按住鼠标左键并拖出一个方框，如图 2-88 所示。

Step 04　松开鼠标左键后，即可将所拖出的方框大小充满整个舞台，将方框中的对象进行放大显示，如图 2-89 所示。

图 2-88　拖出方框

图 2-89　局部放大

对舞台进行缩放操作时，掌握以下技巧可以提高工作效率。

➢ 双击工具箱中的"缩放工具"按钮，可以将舞台以 100% 显示。

➢ 在对舞台进行缩放操作时，按【Alt】键可以在放大模式和缩小模式间临时进行切换。

➢ 按【Ctrl+＋】组合键，可以将舞台放大为原来的 2 倍。

➢ 按【Ctrl+－】组合键，可以将舞台缩小一半。

项目小结

通过本项目的学习，读者应重点掌握以下知识。

（1）位图和矢量图、形状和绘制对象之间可以相互转换。

（2）使用图层可以帮助用户组织舞台上的图形，可以在图层上绘制和编辑对象，而不会影响其他图层上的对象。

（3）选择工具除了用来选取对象，还可以移动、复制及调整对象。

（4）使用工具应配合其相应的功能按钮使用，以提高工作效率。

（5）套索工具用来选取不规则的图形，若要选择一张位图中的特定区域，应先将其分离为形状。

（6）部分选取工具通过调整路径来改变形状，在调整时应结合按键灵活使用。

项目习题

（1）在 Flash 文档中导入 PSD 和 AI 图像。

在向文档中导入 PSD 或 AI 图像时，将打开特定的导入对话框，如导入本书配套素材所提供的"1.psd"文件，如图 2-90 所示。

操作提示：

Flash 保持了 PSD 文件的图像质量和可编辑性，在导入时还可以对其进行平面化（栅格化），同时创建一个位图图像文件。

（2）将所选对象分散到图层。

对舞台中的任何元素（包括图形对象、实例、位图、视频剪辑和分离文本块）都可以应用"分散到图层"命令，Flash 将每个选中的对象分散到另一个新图层。

操作提示：

右击选中的对象，在弹出的快捷菜单中选择"分散到图层"命令，如图 2-91 所示。

图 2-90　导入 PSD 图像

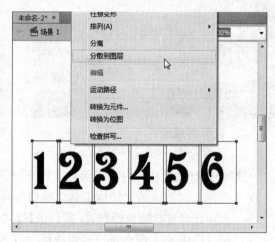

图 2-91　选择"分散到图层"命令

项目三　Flash 绘图工具的使用

项目概述

在 Flash CS6 中，绘图工具主要包括绘制工具和颜色填充工具，通过灵活运用绘图工具可以很方便地制作出所需的矢量图。在本项目中，将学习这些绘图工具的特点和使用方法。

项目重点

- 能够使用线条工具和铅笔工具绘制所需的矢量线条。
- 掌握矩形、基本矩形、椭圆、基本椭圆与多角星形工具的特点和使用方法。
- 能够熟练运用刷子工具、喷涂刷工具和 Deco 工具绘制所需的图形。
- 熟练掌握钢笔工具组的使用方法及交互用法。
- 掌握"颜色"面板的使用方法。
- 能够熟练运用颜色填充工具为图形上色或去色。

项目目标

- 能够熟练运用 Flash 的绘图工具。
- 能够使用"颜色"面板调出所需的颜色。

任务一　绘制工具的使用

任务概述

在 Flash CS6 中绘制工具主要包括线条工具、铅笔工具、矩形工具、基本矩形工具、椭圆工具、基本椭圆工具、刷子工具、喷涂刷工具以及 Deco 工具。在本任务中将学习各工具的具体用法。

任务重点与实施

一、线条工具

线条工具用于绘制直线。单击工具箱中的"线条工具"按钮 或按【N】键，即可调用线条工具。调用线条工具后，移动鼠标指针至目标位置，鼠标指针变为 十 形状，按住鼠标左键并拖动鼠标即可绘制出一条直线，如图 3-1 所示。此时绘制的直线"笔触颜色"和"笔触高度"为系统默认值，通过"属性"面板可以对绘制对象进行相应的属性设置，如图 3-2 所示。

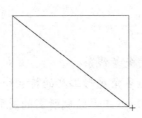

图 3-1　绘制线条　　　　　　　图 3-2　设置绘制对象属性

选择"线条工具"后，在"属性"面板中可以设置线条的颜色、大小、笔触样式，以及端点和接合样式，如图 3-3 所示。

图 3-3　设置线条工具属性

在 Flash 中有六种笔触样式，单击"属性"面板中的"编辑笔触样式"按钮 ，即可对其分别进行设置。

➢ **"实线"样式**："实线"样式是最简单的样式。选择线条工具后，打开"属性"面板，单击"自定义"按钮，弹出"笔触样式"对话框。在"类型"下拉列表框中选择"实线"选项，可以对实线粗细进行设置，在左上角可以预览样式。选中"4倍缩放"复选框后，可以对所做的设置进行放大预览；选中"锐化转角"复选框后，可以在转角处锐化处理，如图 3-4 所示。

➢ **"虚线"样式**：在"类型"下拉列表框中选择"虚线"选项后，可以对虚线的粗细、长短及间距进行设置，如图 3-5 所示。

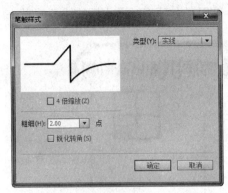
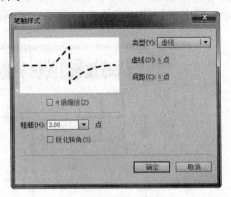

图 3-4　"实线"样式　　　　　　　图 3-5　"虚线"样式

> **"点状线"样式**：在"类型"下拉列表框中选择"点状线"选项后，可以对点状线的粗细和点距进行设置，如图 3-6 所示。

> **"锯齿状"样式**：在"类型"下拉列表框中选择"锯齿线"选项后，可以对锯齿的粗细、图案、波高及波长进行设置，如图 3-7 所示。

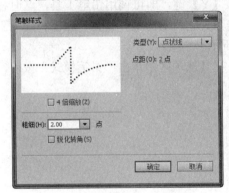
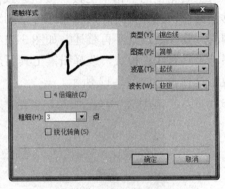

图 3-6　"点状线"样式　　　　　　　图 3-7　"锯齿线"样式

> **"点刻线"样式**：在"类型"下拉列表框中选择"点刻线"选项后，可以对点描的粗细、点大小、点变化及密度进行设置，如图 3-8 所示。

> **"斑马线"样式**："斑马线"样式是最为复杂的一种线条类型，在"类型"下拉列表框中选择"斑马线"选项后，可以对其多种参数进行设置，如图 3-9 所示。

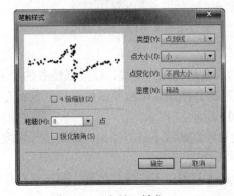
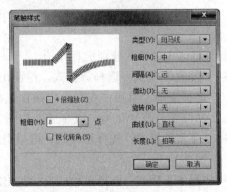

图 3-8　"点描"样式　　　　　　　图 3-9　"斑马线"样式

在绘制直线前，可以先对线条工具的属性进行设置，也可以在绘制完成后在"属性"面板中对线条的样式进行修改。图 3-10 所示为运用了多种笔触样式后的线条效果。

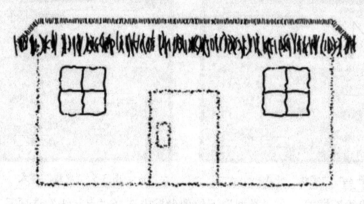

图 3-10　笔触效果范例

二、铅笔工具

单击工具箱中的"铅笔工具"按钮✐或按【Y】键，即可调用铅笔工具，这时将鼠标指针移至舞台，当其变为✐形状时即可绘制线条。它所对应的"属性"面板和线条工具的是相同的，其参数设置不再赘述，如图 3-11 所示。

铅笔工具有 3 种模式，选择铅笔工具后，在其选项区中单击"铅笔模式"按钮，将弹出下拉工具列表，如图 3-12 所示。

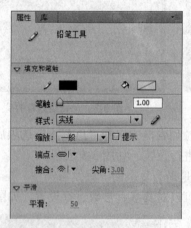

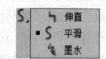

图 3-11　设置铅笔工具属性　　　　图 3-12　铅笔模式

下面对这 3 种模式分别进行介绍。

➢ **"伸直"模式**：选择该模式，绘制出的线条将转化为直线，即降低线条的平滑度。选择铅笔工具后，在舞台中按住鼠标左键并拖动鼠标绘制图形，松开鼠标左键后曲线部分将转化为一段直线，如图 3-13 所示。

➢ **"平滑"模式**：选择该模式，可以自动对绘制的线条进行平滑，即增加平滑度，如图 3-14 所示。

➢ **"墨水"模式**：选择该模式，绘制出的线条基本上不作任何处理，即不会有任何变化，如图 3-15 所示。

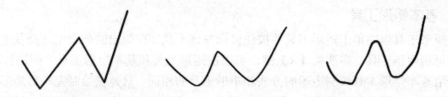

图 3-13　"伸直"模式绘制　　图 3-14　"平滑"模式绘制　　图 3-15　"墨水"模式绘制

三、矩形工具与基本矩形工具

矩形工具与基本矩形工具用于绘制矩形。矩形工具不但可以设置笔触大小和样式，还可以通过设置边角半径来修改矩形的形状。

1. 矩形工具

在工具箱中单击"矩形工具"按钮 ▢ 或按【R】键，即可调用该工具。在调用矩形工具后，将鼠标指针置于舞台中，指针变为十字形状，按住鼠标左键并拖动鼠标即可以单击处为一个角点绘制一个矩形，如图 3-16 所示。

按住【Shift】键的同时拖动鼠标可以绘制出正方形，按住【Alt】键的同时拖动鼠标可以单击处为中心进行绘制。按住【Shift+Alt】组合键的同时拖动鼠标，则可以单击处为中心绘制正方形，如图 3-17 所示。

图 3-16　绘制矩形

图 3-17　绘制正方形

在绘制矩形前，可以对矩形工具的参数进行设置，以绘制出自己需要的图形。例如，在"属性"对话框中设置矩形工具的填充和笔触样式，在"矩形选项"选项区中单击锁定按钮 ⊂⊃ 解除锁定并分别设置各边角的半径，如图 3-18 所示。在舞台中按住鼠标左键并拖动鼠标绘制矩形，效果如图 3-19 所示。

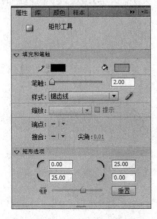

图 3-18　设置矩形工具属性

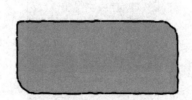

图 3-19　绘制矩形

2. 基本矩形工具

在矩形工具组中单击矩形工具并按住鼠标左键不放，在弹出的列表中选择基本矩形工具，即可调用该工具。多次按【R】键，可以在矩形工具和基本矩形工具之间进行切换。

使用基本矩形工具绘制矩形的方法和矩形工具的相同，只是在绘制完毕后矩形的 4 个角上会出现 4 个圆形的控制点，如图 3-20 所示。使用选择工具拖动控制点可以调整矩形的边角半径，也可以在"属性"面板中对基本矩形进行边角半径设置，如图 3-21 所示。

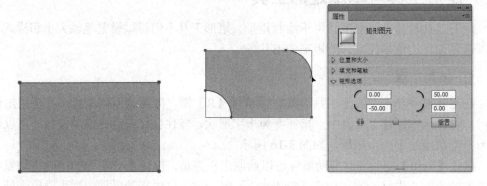

图 3-20　绘制基本矩形　　　　　　　　图 3-21　设置矩形选项属性

四、椭圆工具和基本椭圆工具

椭圆工具和基本椭圆工具用于绘制椭圆或圆形。它与矩形工具类似，不同之处在于椭圆工具的选项包括"角度"和"内径"。

1. 椭圆工具

在矩形工具组的工具列表中选择椭圆工具或按【O】键，即可调用该工具。椭圆工具对应的"属性"面板和矩形工具的类似。例如，选择椭圆工具后，可在"属性"面板中进行相关设置，包括开始角度、结束角度、内径及闭合路径等，如图 3-22 所示。将鼠标指针移至舞台，按住鼠标左键并拖动鼠标即可绘制出相应的图形，如图 3-23 所示。若在绘制时按住【Shift】键，还可以绘制出一个正圆；若在绘制时按住【Alt】键，则可以单击处为圆心进行绘制；若在绘制时按住【Alt+Shift】组合键，则可以单击处为圆心绘制正圆。

图 3-22　设置椭圆工具属性　　　　　图 3-23　绘制图形

2. 基本椭圆工具

在矩形工具组的工具列表中选择基本椭圆工具，即可调用该工具。多次按【O】键，即可在椭圆工具和基本椭圆工具间进行切换。

使用基本椭圆工具绘制椭圆的方法和椭圆工具的相同，在绘制完成后椭圆上会多出几个圆形的控制点，如图 3-24 所示。使用选择工具拖动控制点可以对椭圆的开始角度、结束角度和内径分别进行调整，也可以在"属性"面板中对基本矩形进行椭圆选项设置，如图 3-25 所示。

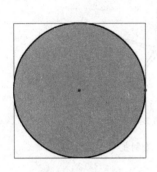

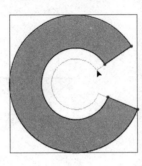

图 3-24　绘制基本椭圆　　　　　　　　　　图 3-25　设置椭圆选项属性

五、多角星形工具

多角星形工具用于绘制规则的多边形和星形。在使用该工具前需要对其属性进行相关设置，以绘制出自己需要的形状。在矩形工具组的工具列表中选择多角星形工具，即可调用该工具。

1. 绘制多边形

在工具箱中选择多角星形工具，打开"属性"面板，从中对多角星形工具属性进行修改，如图 3-26 所示。

在舞台中安装鼠标左键并拖动鼠标，松开鼠标左键后即可绘制出一个多角星形。按住【Alt】键的同时单击并拖动鼠标，可以中心方式进行绘制；按住【Shift】键的同时向下或向上拖动鼠标，可将多边形的边处于水平或垂直方向，如图 3-27 所示。

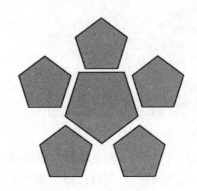

图 3-26　设置多角星形工具　　　　　　　　图 3-27　绘制正五边形

2．绘制星形

选择多角星形工具，打开"属性"面板，单击"选项"按钮，弹出"工具设置"对话框。在"样式"下拉列表框中选择"星形"选项，如图 3-28 所示。此时拖动鼠标，即可绘制一个五角星。

在"工具设置"对话框中，"星形顶点大小"的取值范围为 0~1，数值越大，顶点的角度就越大。当输入的数值超过其取值范围时，系统自动会以 0 或 1 来取代超出的数值，效果如图 3-29 所示。

图 3-28　多角星形工具设置

图 3-29　绘制星形

六、刷子工具

刷子工具组包含两种工具，分别是刷子工具和喷涂刷工具。使用刷子工具绘制的图形是被填充的，利用这一特性可以绘制出具有书法效果的图形。

选择工具箱中的刷子工具，即可调用该工具。在使用刷子工具之前，需要对其属性进行设置。打开"属性"面板，可以调整其"平滑度"、"填充和笔触"，如图 3-30 所示。

在刷子工具的选项区中可以设置刷子的模式、大小和形状。单击"刷子模式"按钮、"刷子大小"按钮 或"刷子形状"按钮，即可弹出其下拉列表，如图 3-31 所示。在 Flash CS6 中，有 8 种刷子大小和 9 种刷子形状，通过刷子大小和刷子形状的巧妙组合就可以得到各种各样的刷子效果。

图 3-30　设置刷子工具属性

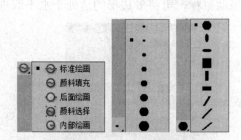

图 3-31　刷子工具功能选项

单击选项区中的"刷子模式"按钮，在弹出的下拉列表中包含"标准绘画"、"颜料填充"、"后面绘画"、"颜料选择"和"内部绘画"5 种模式。选择不同的模式，可以绘制出不同的图形效果。

➤ **"标准绘画"模式**：选择"标准绘画"模式，使用刷子工具绘制出的图形将完全覆盖矢量图形的线条和填充，如图 3-32 所示。

➤ **"颜料填充"模式**：选择"颜料填充"模式，使用刷子工具绘制出的图形只覆盖矢量图形的填充部分，而不会覆盖线条部分，如图 3-33 所示。

图 3-32 "标准绘画"模式   图 3-33 "颜料填充"模式

➤ **"后面绘画"模式**：选择"后面绘画"模式，使用刷子工具绘制出的图形将从矢量图形的后面穿过，而不会对原矢量图形造成任何影响，如图 3-34 所示。

➤ **"颜料选择"模式**：选择"颜料选择"模式，只有在选择了矢量图形的填充区域后才能使用刷子工具。如果没有选择任何区域，将无法使用刷子工具在矢量图形上进行绘画，如图 3-35 所示。

图 3-34 "后面绘画"模式   图 3-35 "颜料选择"模式

➤ **"内部绘画"模式**：选择"内部绘画"模式后，使用刷子工具只能在封闭的区域内绘画，如图 3-36 所示。

图 3-36 "内部绘画"模式

七、使用喷涂刷工具

喷涂刷工具用于创建喷涂效果，可以使用库中已有的影片剪辑元件来作为喷枪的图案。在"工具"面板中按住刷子工具不放，在弹出的列表中即可选择喷涂刷工具，图 3-37 所示为喷涂刷工具的"属性"面板。

> **颜色选取器：**位于编辑按钮下方的颜色块用于"喷涂刷"喷涂粒子的填充色设置。当使用库中元件图案喷涂时，将禁用颜色选取器。

> **缩放宽度：**表示喷涂笔触（一次单击舞台时的笔触形状）的宽度值。例如，设置为 10%，表示按默认笔触宽度的 10%喷涂；设置为 200%，表示按默认笔触宽度的 200%喷涂。

图 3-37　喷涂刷工具属性

> **随机缩放：**将基于元件或默认形态的喷涂粒子喷在画面中，其笔触颗粒大小呈随机大小出现。简单说，就是有大有小不规则地出现。

> **画笔角度：**用于调整旋转画笔的角度。

下面将通过实例来介绍如何使用喷涂刷工具，具体操作方法如下：

Step 01　打开素材文件"喷涂刷工具.fla"，选择喷涂刷工具，在"属性"面板中设置颜色为白色，选中"随机缩放"复选框，并设置画笔宽度为 499，高度为 100，如图 3-38 所示。

Step 02　在舞台上单击鼠标左键，绘制星星图形，如图 3-39 所示。

图 3-38　设置喷涂刷工具属性

图 3-39　喷涂图形

八、Deco 工具

Deco 工具是 Flash CS6 中一种类似"喷涂刷"的填充工具。使用 Deco 工具可以快速完成大量相同元素的绘制，也可以使用它制作出很多复杂的动画效果。将其与图形元件和影片剪辑元件配合，可以制作出效果更加丰富的动画效果。

选择 Deco 工具，打开其"属性"面板，高级选项会随着不同的绘制效果的选择而改变。下面将简要介绍 Deco 工具的两个属性。

➤ **绘制效果：** 在 Flash CS6 中一共提供了 13 种绘制效果，其中包括：藤蔓式填充、网格填充、对称刷子、3D 刷子、建筑物刷子、装饰性刷子、火焰动画、火焰刷子、花刷子、闪电刷子、粒子系统、烟动画和树刷子，如图 3-40 所示。

➤ **高级选项：** 通过设置高级选项可以实现不同的绘制效果，如图 3-41 所示为选择"藤蔓式填充"绘制效果的高级选项。

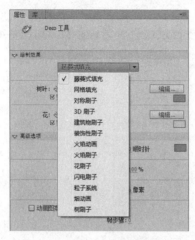

图 3-40　Deco 工具绘制效果

图 3-41　Deco 工具高级选项

任务二　绘制路径工具的使用

 任务概述

钢笔工具可以用来精确地绘制直线和平滑的曲线，是非常实用但不好掌握的一个工具。在 Flash CS6 中提供了钢笔工具组，包括钢笔工具、添加锚点工具、删除锚点工具和转换锚点工具，在使用时可以交互进行使用，以提高工作效率。本任务将学习钢笔工具组的具体用法。

 任务重点与实施

一、设置钢笔工具参数

按【Ctrl+U】组合键，打开"首选参数"对话框，在"类别"列表框中选择"绘画"选项，在右窗格显示了有关"钢笔工具"的三个参数设置，如图 3-42 所示。

➤ **显示钢笔预览：** 若选中该复选框，在未确定下一个锚点位置时，随着鼠标的移动可以显示该片段的预览图形，对绘制图形有很好的辅助作用。

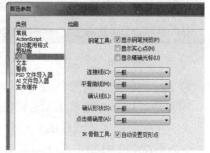

图 3-42　设置钢笔工具参数

> **显示实心点**：若选中该复选框，则未选择的锚点显示为实心点，选择的锚点显示为空心点。

> **显示精确光标**：选中该复选框后，则鼠标指针变为✕形状；取消选择该复选框，鼠标指针为🖊形状。按【Caps Lock】键可以在这两种鼠标指针形状间进行切换。

二、使用钢笔工具绘制直线段

按【P】键调用钢笔工具，打开"属性"面板，从中设置笔触参数，如图 3-43 所示。

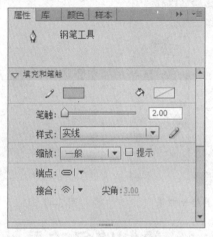

图 3-43　设置钢笔工具属性

在舞台中单击确定第一个锚点的位置，随着鼠标的移动将出现一条线段，然后再次单击确定第二个锚点，如图 3-44 所示。

重复以上操作，绘制多条连续的线段。当将鼠标指针移至第一个锚点的位置时，指针右侧会出现一个小圆圈 ，此时单击鼠标左键，即可绘制一条闭合路径，如图 3-45 所示。在绘制过程中按住【Shift】键，可以让绘制的点与上一个点保持 45° 整数倍的夹角。

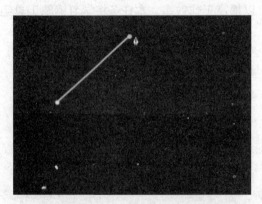

图 3-44　确定锚点

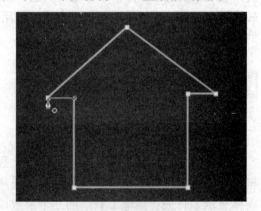

图 3-45　绘制图形

以上绘制的是一条闭合路径，这样的路径可以为其填充颜色。若要绘制一条开放的路径，可以通过以下方式来结束路径的绘制：

> 在绘制的多条线段的最后一个锚点时双击鼠标左键。

> 再次到工具箱中选择钢笔工具组中的其他工具或按【P】键。

➤ 按住【Ctrl】键的同时在舞台的空白处单击鼠标左键。

➤ 在菜单栏中依次单击"编辑/全选"和"编辑/取消全选"命令。

➤ 在工具箱中选择其他工具，以结束绘制工作。

若在绘制结束后想要在原有的路径上继续绘制，可将鼠标指针指向原路径的起始点或结束点，当指针变为✍形状时单击鼠标左键后，即可继续绘制路径。

三、使用钢笔工具绘制曲线段

使用钢笔工具绘制曲线的方法和绘制直线的方法类似，唯一不同的是在确定线段的锚点时需按下鼠标左键并拖动，而不是简单的单击，如图 3-46 所示。

若在绘制曲线的过程中想要绘制直线，只需将鼠标指针移至最近的一个锚点处，当指针变为✍形状时单击鼠标左键，然后拖动鼠标在舞台的其他位置单击鼠标左键即可，如图 3-47 所示。

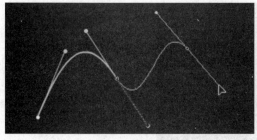
图 3-46　绘制曲线

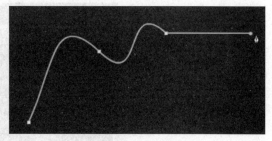
图 3-47　绘制直线

在绘制曲线时，若要绘制 C 形曲线，只需在绘制锚点时向前一个锚点的方向线相反的方向拖动鼠标即可；若要绘制 S 形曲线，则在绘制锚点时向前一个锚点的方向线相同的方向拖动鼠标即可。

四、使用钢笔工具添加和删除锚点

使用钢笔工具添加或删除锚点的方法非常简单，只要将鼠标指针移至绘制好的路径的线段上，当其右侧出现"+"号时单击鼠标左键，即可添加一个锚点，如图 3-48 所示。将鼠标指针移至已有的锚点上，当其右侧出现"-"号时单击鼠标左键，即可删除一个锚点，如图 3-49 所示。

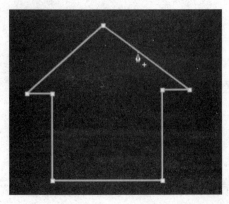
图 3-48　添加锚点

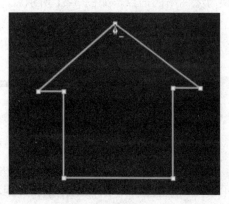
图 3-49　删除锚点

五、使用添加锚点工具和删除锚点工具

在工具箱中的钢笔工具上按住鼠标左键不放，在弹出的下拉工具列表中选择"添加锚点工具" ♦ 或按【=】键，即可调用该工具。将鼠标指针移至舞台上，当其变为 ♦₊ 形状时在路径上单击鼠标左键，即可添加锚点。

在钢笔工具的下拉工具列表中选择"删除锚点工具" ♦⁻ 或按【-】键，即可调用该工具。其使用方法和"添加锚点工具"的类似，在此不再赘述。

六、使用转换锚点工具

在介绍转换锚点工具之前，先来认识一下 Flash 中都有哪些锚点。在 Flash 中有三种类型的锚点：无曲率调杆的锚点（角点），两侧曲率一同调节的锚点（平滑点）和两侧曲率分别调节的锚点（平滑点），如图 3-50 所示。锚点之间的线段被称为片段。

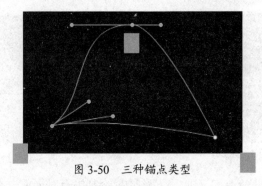

图 3-50　三种锚点类型

➢ **无曲率调杆锚点**：又称角点，使用部分选择工具只能移动其位置，无法调节曲率。
➢ **两侧曲率一同调节的锚点**：使用部分选择工具拖动其控制杆上的一个控制点时，另一个控制点也会随之移动，它可以调节曲线的曲率，但这种节点一般很难控制。
➢ **两侧曲率分别调节的锚点**：这种锚点两侧的控制杆可以分别进行调整，可以灵活地控制曲线的曲率。

在钢笔工具的下拉工具列表中选择"转换锚点工具"或按【C】键，即可调用该工具。使用转换锚点工具可以在三种锚点之间进行相互转换。

选择转换锚点工具，单击两侧曲率一同调节或两侧曲率分别调节方式的锚点，可以使其转换为无曲率的锚点，如图 3-51 所示。

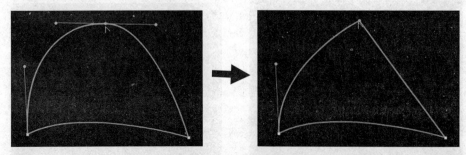

图 3-51　转换为无曲率锚点

单击无曲率的锚点，按住鼠标左键并拖动鼠标，可以将其转换为两侧曲率一同调节的锚点，如图 3-52 所示。

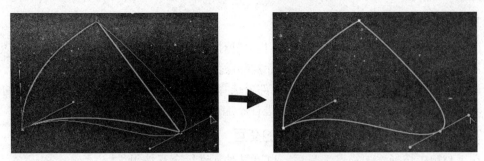

图 3-52　转换为两侧曲率一同调节的锚点

使用转换锚点工具拖动两侧曲率一同调节的锚点的控制杆，可以将其转换为两侧曲率分别调节的锚点，如图 3-53 所示。

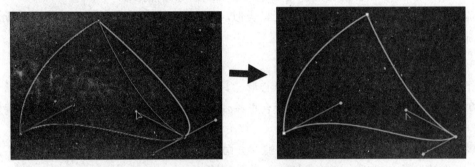

图 3-53　转换为两侧曲率分别调节的锚点

七、钢笔工具组的交互用法

1．钢笔工具的交互

在使用钢笔工具进行绘图过程中可以使用其交互用法，以提高绘图效率。下面将介绍其具体应用。

➤ 按住【Alt】键，可以将其转换为转换锚点工具，以调整曲率和转换锚点，如图 3-54 所示。

➤ 按住【Ctrl】键，可以将其转换为部分选择工具，以调整锚点的位置和曲线的曲率，如图 3-55 所示。

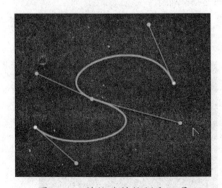

图 3-54　转换为转换锚点工具

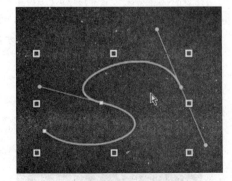

图 3-55　转换为部分选择工具

➤ 按住【Ctrl+Alt】组合键，可以进行添加和删除锚点的操作。

2．转换锚点工具的交互

在工具箱中选择"转换锚点工具"后，也可以对其进行交互使用，下面将介绍其具体应用。

➤ 按住【Alt】键，可以对锚点进行复制操作。

➤ 按住【Ctrl】键，可以将其转换为部分选择工具，以调整锚点的位置和曲线的曲率。

➤ 按住【Ctrl+Alt】组合键，可以进行添加或删除锚点的操作。

3．添加锚点工具/删除锚点工具的交互

在工具箱中选择添加锚点工具后，也可以对其进行交互使用。

➤ 按住【Alt】键，添加锚点的操作变为删除锚点。

➤ 按住【Ctrl】键，可以将其转换为部分选择工具，以调整锚点的位置和曲线的曲率。

➤ 按住【Ctrl+Alt】组合键，可以进行添加或删除锚点操作

删除锚点工具的交互和添加锚点工具类似，只是在按住【Alt】键时删除锚点的操作变为添加锚点。

4．钢笔工具交互应用

下面将交互应用钢笔工具绘制一个心形，具体操作方法如下：

Step 01 按【P】键调用钢笔工具，在舞台中按住鼠标左键并向左上方拖动鼠标，以确定第一个锚点，如图 3-56 所示。

Step 02 在舞台的合适位置松开鼠标左键，并向右下方拖动鼠标，在合适位置处按下鼠标左键继续向右下方拖动鼠标，如图 3-57 所示。

图 3-56　确定第一个锚点

图 3-57　确定第二个锚点

Step 03 不松开鼠标，按住【Alt】键的同时向右上方拖动鼠标，将两侧曲率一同调节的锚点转换为两侧曲率分别调节的锚点，如图 3-58 所示。

Step 04 松开鼠标左键，释放【ALT】键，移动鼠标指针指向起始点，当其下方出现一个小圆圈时单击鼠标左键并向左下方拖动，如图 3-59 所示。

图 3-58　按住【Alt】键拖动

图 3-59　闭合路径

Step 05　按住【Ctrl】键，调节下方锚点的位置，如图 3-60 所示。

Step 06　按住【Alt】键，调节每个锚点的控制杆，改变曲线的曲率，如图 3-61 所示。

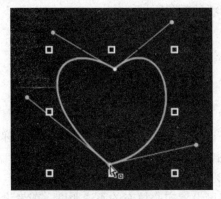
图 3-60　调整锚点位置

图 3-61　调整曲率

任务三　"颜色"面板的使用

任务概述

　　使用"颜色"面板可以创建任何颜色。如果已经在舞台中选择了对象，则在"颜色"面板中所做的颜色更改会应用到所选对象。用户可以在 RGB 或 HSB 模式下选择颜色，或者展开面板以使用十六进制模式，还可以通过指定 Alpha 值来定义颜色的透明度。

任务重点与实施

一、认识"颜色"面板

　　"颜色"面板用来更改图形的笔触和填充颜色，按【Alt+Shift+F9】组合键即可打开"颜色"面板，如图 3-62 所示。

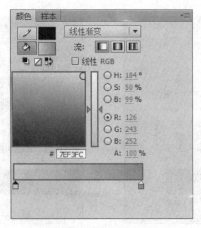
图 3-62　"颜色"面板

在"颜色"面板中，各选项的含义如下：

➢ **笔触颜色**：更改图形对象的笔触或边框的颜色。

➢ **填充颜色**：更改填充颜色，填充是填充形状的颜色区域。

➢ **颜色类型**：更改填充样式。

无：删除填充。

纯色：提供一种单一的填充颜色。

线性渐变：产生一种沿线性轨道混合的渐变。

径向渐变：产生从一个中心焦点出发沿环形轨道向外混合的渐变。

位图填充：用可选的位图图像平铺所选的填充区域。选择"位图填充"时，将会弹出"导入到库"对话框，可以选择计算机上的位图图像。

➢ **RGB**：可以更改填充的红、绿和蓝（RGB）的色密度。

➢ **A**：A 表示 Alpha 即不透明度，修改该值可设置实心填充的不透明度，或者设置渐变填充的当前所选滑块的不透明度。如果 Alpha 值为 0%，则创建的填充不可见（即透明）；如果 Alpha 值为 100%，则创建的填充不透明。

➢ **当前颜色样本**：显示当前所选颜色。如果从填充"类型"菜单中选择某个渐变填充样式（线性或放射状），则"当前颜色样本"将显示所创建的渐变内的颜色过渡。

➢ **系统颜色选择器**：使用户能够直观地选择颜色。单击"系统颜色选择器"，然后拖动十字准线指针，直到找到所需的颜色。

➢ **十六进制值**：显示当前颜色的十六进制值。若要使用十六进制值更改颜色，请键入一个新的值。十六进制颜色值（也称 HEX 值）是 6 位的字母数字组合，代表一种颜色。

➢ **线性 RGB**：创建兼容 SVG（可伸缩的矢量图形）的线性或放射状渐变。

二、设置纯色填充

Step 01 对于 RGB 显示，可以在"红"、"绿"和"蓝"颜色值框中输入颜色值；对于 HSB 显示，则输入"色相"、"饱和度"和"亮度"值；对于十六进制显示，则输入十六进制值，如图 3-63 所示。

Step 02 选定一种颜色后要更改其色相，可选中 H 单选按钮，然后拖动滑块改变颜色，如图 3-64 所示。

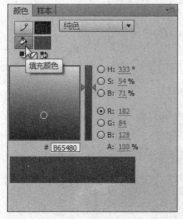

图 3-63　选择颜色

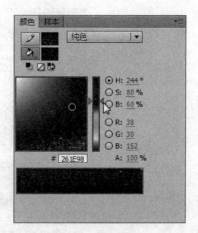

图 3-64　调整色相

Step 03 若要更改当前颜色的饱和度，可选中 S 单选按钮，然后拖动滑块进行设置，如图 3-65 所示。

Step 04 若要更改当前颜色的亮度，可选中 B 单选按钮，然后拖动滑块进行设置，如图 3-66 所示。

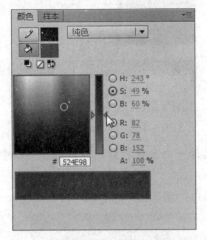
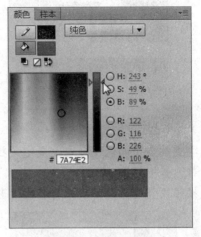

图 3-65　调整饱和度　　　　　　　　　图 3-66　调整亮度

Step 05 当然也可根据需要调整红（R）绿（G）蓝（B）三原色来改变当前颜色，如图 3-67 所示。

Step 06 若要调整颜色的透明度，可设置 A 的值，如图 3-68 所示。

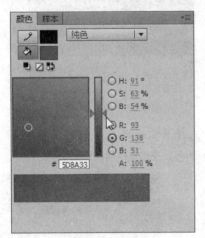
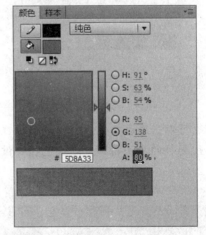

图 3-67　调整 RGB　　　　　　　　　　图 3-68　调整透明度

三、创建渐变填充

渐变是一种多色填充，即一种颜色逐渐转变为另一种颜色。创建渐变是在一个或多个对象间创建平滑颜色过渡的好方法。下面以线性渐变为例，介绍如何创建渐变填充。

Step 01 打开"颜色"面板，在颜色类型列表中选择"线性渐变"选项，如图 3-69 所示。

Step 02 选择一种线性渐变样式，在此单击"扩展颜色"按钮，如图 3-70 所示。

图 3-69　选择"线性渐变"选项

图 3-70　单击"扩展颜色"按钮

Step 03 要更改渐变颜色，可在渐变定义栏下选择一个颜色指针，在此选择第二个白色指针，如图 3-71 所示。

Step 04 按照设置纯色的方法，将颜色设置为蓝色，如图 3-72 所示。

图 3-71　选择颜色指针

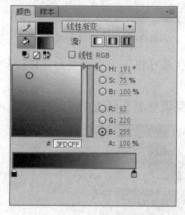

图 3-72　设置颜色

Step 05 也可双击颜色指针，打开调色板，从中选择所需的颜色，如图 3-73 所示。

Step 06 用同样的方法将第一个颜色指针设置为白色，如图 3-74 所示。

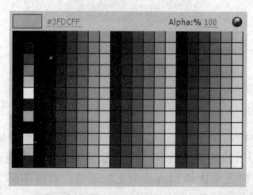

图 3-73　使用调色板选色

图 3-74　设置第一个颜色指针颜色

Step 07 若要调整蓝色范围，可将第 2 个颜色指针向左拖动，如图 3-75 所示。

Step 08 若要增加颜色指针，可在渐变定义栏下单击鼠标左键即可，如图 3-76 所示。

图 3-75　拖动颜色指针　　　　　　　　图 3-76　增加颜色指针

Step 09 若要删除颜色指针，只需将其选中后向下拖动即可，如图 3-77 所示。

Step 10 创建一个矩形，然后使用颜料桶工具填充渐变即可，可以填充一种类似天空的渐变效果，如图 3-78 所示。

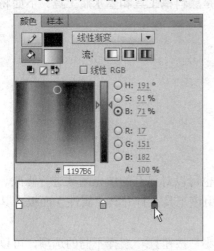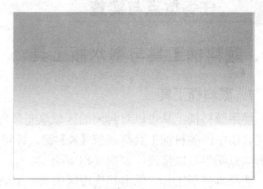

图 3-77　删除颜色指针　　　　　　　　图 3-78　查看渐变效果

四、将颜色添加为样本

用户可以将设置好的颜色作为一个样本颜色存储在调色板中，如将上一节的渐变色存储为样本，具体操作方法如下：

Step 01 单击"颜色"面板右上方的面板菜单按钮，在弹出的列表中选择"添加样本"选项，如图 3-79 所示。

Step 02 打开"样本"面板，即可看到添加的颜色，如图 3-80 所示。用户可通过"样本"面板来更改 Flash 中的调色板，因此"工具"面板和"属性"面板中的"笔触颜色"和"填充颜色"中均会增加该样本颜色。

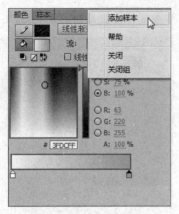
图 3-79 选择"添加样本"选项

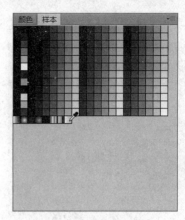
图 3-80 查看样本颜色

任务四 颜色填充工具的使用

任务概述

在"工具"面板中有两种颜色填充工具，分别是颜料桶工具和墨水瓶工具。下面将介绍这两种工具的具体使用方法。

任务重点与实施

一、颜料桶工具与墨水瓶工具

1. 颜料桶工具

使用颜料桶工具可以对封闭的区域填充颜色，也可以对已有的填充区域进行修改。单击工具箱中的颜料桶工具 ⬧ 或按【K】键，即可调用该工具。打开其"属性"面板，其中只有填充颜色可以修改，如图 3-81 所示。

选择颜料桶工具，单击其选项区中的"空隙大小"按钮 ⬚，选择不同的选项，可以设置对封闭区域或带有缝隙的区域进行填充，如图 3-82 所示。

图 3-81 设置颜料桶工具属性

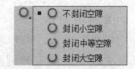
图 3-82 选择填充选项

其中，各选项的含义如下：

➤ **不封闭空隙**：系统默认选项，只能对完全封闭的区域填充颜色。

➤ **封闭小空隙**：选择该选项，可对有极小空隙的未封闭区域填充颜色。

➤ **封闭中等空隙**：选择该选项，可对有比上一种模式略大空隙的未封闭区域填充颜色。

➤ **封闭大空隙**：选择该选项，可对有较大空隙的未封闭区域填充颜色。

下面将通过实例介绍颜料桶工具的使用方法，具体操作方法如下：

Step 01 打开素材文件"蜻蜓.fla"，选择颜料桶工具，单击"填充颜色"按钮，在调色板中选择所需的颜色，如图 3-83 所示。

Step 02 在右侧翅膀的斑点上单击鼠标左键，即可改变其颜色，如图 3-84 所示。

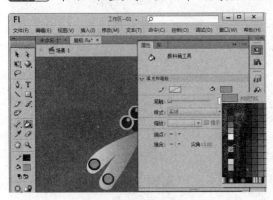

图 3-83 选择颜色　　　　　　　　　　图 3-84 改变颜色

Step 03 在"颜色"面板中设置线性渐变颜色，然后使用颜料桶工具在右侧翅膀上拖动鼠标，如图 3-85 所示。

Step 04 此时，即可改变右侧翅膀的渐变色，如图 3-86 所示。

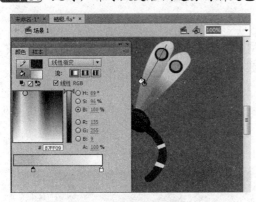
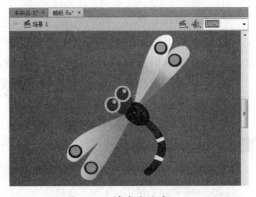

图 3-85 设置渐变色　　　　　　　　　　图 3-86 填充渐变色

2. 设置位图填充

使用颜料桶还可以设置位图填充，具体操作方法如下：

Step 01 打开素材文件"花瓶.fla"，在"颜色"面板中选择"位图填充"选项，如图 3-87 所示。

Step 02 弹出"导入到库"对话框，选择要导入的位图图片，单击"打开"按钮，如图 3-88 所示。

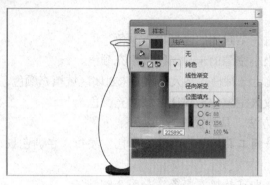

图 3-87 选择"位图填充"选项

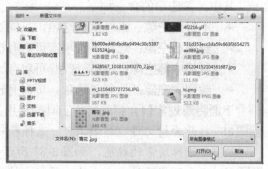

图 3-88 选择图像

Step 03 选择颜料桶工具，在花瓶图形上单击鼠标左键，如图 3-89 所示。

Step 04 此时，即可为花瓶填充青花图案，使用渐变变形工具调整位图填充，效果如图 3-90 所示。

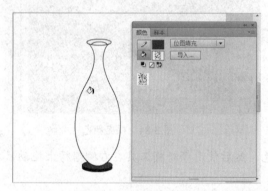

图 3-89 在图形上单击

图 3-90 填充位图

3．墨水瓶工具

墨水瓶工具用于改变线条颜色、宽度和类型，还可以为只有填充的图形添加边缘线条。单击工具箱中的墨水瓶工具 或按【S】键，即可调用该工具。

使用墨水瓶工具进行颜色填充的具体操作方法如下：

Step 01 打开素材文件"蜻蜓.fla"，选择墨水瓶工具，在"属性"面板中设置笔触颜色及笔触大小，如图 3-91 所示。

Step 02 在蜻蜓翅膀上单击鼠标左键，即可为其添加线条，如图 3-92 所示。

图 3-91 设置墨水瓶工具

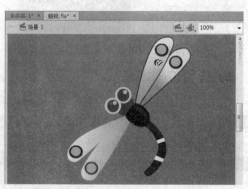

图 3-92 添加线条

二、滴管工具

使用滴管工具可以吸取线条的笔触颜色、笔触大小以及笔触样式等基本属性，并可以将其应用于其他图形的笔触。同样，它也可以吸取填充的颜色或位图等信息，并将其应用于其他图形的填充。该工具没有与其对应的"属性"面板和功能选项区。单击工具箱中的滴管工具 或按【I】键，即可调用该工具。

1. 吸取笔触属性

使用滴管工具吸取笔触属性的具体操作方法如下：

Step 01 打开素材文件"椅子.fla"，选择滴管工具，将鼠标指针移至线条上，当指针变为 形状时单击鼠标左键，即可吸取笔触属性，如图 3-93 所示。

Step 02 此时鼠标指针变成墨水瓶形状 ，在目标图形上单击鼠标左键，即可应用笔触样式，如图 3-94 所示。

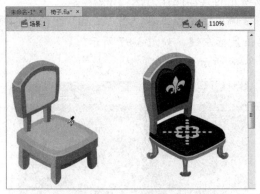

图 3-93　吸取笔触属性

图 3-94　应用笔触属性

2. 吸取填充属性

使用滴管工具吸取填充属性的具体操作方法如下：

Step 01 选择滴管工具，将鼠标指针移至图形的填充区域，当指针变为 形状时单击鼠标左键，即可吸取填充属性，如图 3-95 所示。

Step 02 此时鼠标指针变为 形状，将其移至要应用填充属性的区域后单击鼠标左键，即可应用填充属性，如图 3-96 所示。

图 3-95　吸取填充属性

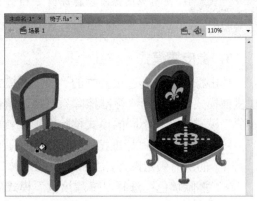

图 3-96　应用填充属性

三、橡皮擦工具

橡皮擦工具用于擦除舞台中的矢量图形。单击工具箱中的橡皮擦工具 或按【E】键，即可调用该工具。

1. 修改橡皮擦形状

在橡皮擦的功能选项区中单击"橡皮擦形状"按钮 ，可以修改橡皮擦工具的大小和形状。系统预设了圆形和正方形两种形状，且每种形状都有从小到大 5 种尺寸，用户可以根据需要随时进行更改。

2. 使用水龙头功能

在橡皮擦的功能选项区中单击"水龙头"按钮 ，将鼠标指针移至舞台上，当其变为 形状时在图形的线条或填充上单击鼠标左键，即可将整个线条或填充删除。

使用橡皮擦工具的水龙头功能删除线条或填充的具体操作方法如下：

Step 01 打开素材文件"长颈鹿.fla"，按【E】键调用橡皮擦工具，在"工具"面板的选项区中单击 按钮，在图形的阴影上单击鼠标左键，如图 3-97 所示。

Step 02 此时，即可将该阴影图形删除，如图 3-98 所示。

图 3-97 在阴影上单击

图 3-98 删除阴影形状

专家指导
Expert
guidance

　　若要取消水龙头功能，可再次单击"水龙头"按钮，使其呈弹起状态。使用橡皮擦可以擦除舞台和图层上所有类型的内容。若要防止其下方图层的图像被擦除，可锁定这些图层。

3. 橡皮擦模式

单击橡皮擦工具选项区中的"橡皮擦模式"按钮 ，在弹出的下拉列表中包含了 5 种橡皮擦模式，分别为"标准擦除"、"擦除填色"、"擦除线条"、"擦除所选填充"和"内部擦除"模式。选择不同的模式擦除图形，就会得到不同的效果。

> **标准擦除**："标准擦除"模式为默认的模式，选择该模式后，可以擦除橡皮擦经过的所有矢量图形，如图 3-99 所示。

> **擦除填色**：选择"擦除填色"模式后，只擦除图形中的填充部分而保留线条，如图 3-100 所示。

图 3-99 "标准擦除"模式　　　　　　　　　图 3-100 "擦除填色"模式

➢ **擦除线条**："擦除线条"模式和"擦除填色"模式的效果相反，保留填充而擦除线条，如图 3-101 所示。

➢ **擦除所选填充**：选择"擦除所选填充"模式后，只擦除选区内的填充部分，如图 3-102 所示。

图 3-101 "擦除线条"模式　　　　　　　　图 3-102 "擦除所选填充"模式

➢ **内部擦除**：选择"内部擦除"模式后，只擦除橡皮擦落点所在的填充部分，如图 3-103 所示。

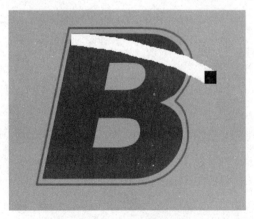

图 3-103 "内部擦除"模式

项目小结

通过本项目的学习，读者应重点掌握以下知识：

（1）可以对笔触样式进行丰富的设置，以满足绘图要求。

（2）使用铅笔工具可以绘制出所需的线条，还可以使用部分选取工具进行线条调整。

（3）绘制规则的图形后，可以使用"属性"面板调整其大小和位置。可以将多个图形组合成所需的形状。

（4）结合功能按钮使用绘图工具，可以更轻松地绘制图形。

（5）使用颜色面板调色后，还可以将其保存为样本颜色。

（6）滴管工具不仅能吸取色彩，还可以吸取笔触样式、大小等属性。

（7）使用橡皮擦工具可以以多种模式擦除填充和线条。

项目习题

（1）使用绘图工具绘制可爱表情头像，效果如图 3-104 所示。

（2）使用"颜色"面板调整彩虹渐变颜色，再绘制彩虹图形，效果如图 3-105 所示。

图 3-104　绘制表情头像

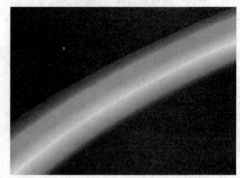

图 3-105　绘制彩虹

项目四 Flash 图形的修改

项目概述

　　在使用绘图工具绘制图形的过程中，必定伴随着图形的修改，如变形、旋转、组合、排列和优化等。在本项目中将详细介绍如何对图形进行修改，内容主要包括变形工具组的使用、"变形"面板的使用，以及矢量图形的修改等。

项目重点

　　🍃 掌握任意变形工具和渐变变形工具的使用方法。
　　🍃 使用"变形"面板进行复制变形，以制作出特殊效果的图形。
　　🍃 掌握矢量图形的修改方法与技巧。

项目目标

　　➲ 能够使用任意变形工具对图形进行移动、旋转、缩放、倾斜和扭曲等操作。
　　➲ 能够使用渐变变形工具调整图形的渐变颜色及位图填充。
　　➲ 通过对矢量图形进行修改，提高绘图效率。

任务一 变形工具组的使用

任务概述

　　在变形工具组中包括任意变形工具和渐变变形工具两种，其中，使用任意变形工具可以对选择的一个或多个对象进行各种变形操作，如旋转、缩放、倾斜、扭曲和封套等。渐变变形工具主要用于调整渐变色的范围、方向和位置等，而且可以用来调整位图填充的大小和方向。在本任务中，将详细介绍这两种工具的具体使用方法。

任务重点与实施

一、任意变形工具

在使用任意变形工具时，有两种选择模式：一是先选择对象，然后选择任意变形工具变形；另一种是先选取"工具"面板中的任意变形工具变形，然后选择对象。

对对象进行的各种变形操作都是以对象的中心点为基点进行的，中心点的位置一般是在对象的重心位置。使用鼠标可以移动中心点的位置，当改变中心点的位置后，对象的变形操作将依据新中心点进行变形。下面将介绍任意变形工具的具体使用方法。

1. 旋转对象

Step 01 打开素材文件"dog1.fla"，单击工具箱中的"任意变形工具"按钮插入图标或按【Q】键，调用该工具。在对象上单击鼠标左键，此时对象的四周出现黑色的边框和8个控制点，在对象中间出现一个圆形的中心点○，如图4-1所示。

Step 02 将鼠标指针移至对象四周的控制点上，当指针变为⟳形状时拖动鼠标即可旋转对象，如图4-2所示。

图 4-1　使用任意变形工具选择对象　　　　图 4-2　旋转对象

Step 03 按住【Alt】键的同时对对象进行旋转操作时，则将以对角的顶点为基点进行旋转，如图4-3所示。

Step 04 将中心点移至对象的右上方，如图4-4所示。若要还原中心点位置，只需在中心点上双击鼠标左键即可。

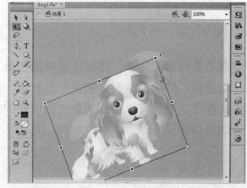

图 4-3　以对角顶点为基点进行旋转　　　　图 4-4　调整中心点位置

Step 05　对对象进行旋转操作，此时以右上方为基点进行旋转，如图 4-5 所示。

Step 06　按住【Shift】键的同时旋转对象，可以 45°角进行旋转，如图 4-6 所示。

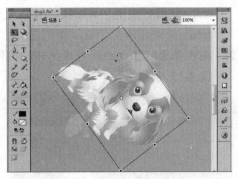

图 4-5　以中心点为基点旋转　　　　　　　　　图 4-6　呈 45°角进行旋转

2. 缩放对象

当使用任意变形工具选择对象后，将鼠标指针移至其四周的 8 个控制点上，当指针变为双向箭头时按住鼠标左键并拖动，可以缩放对象；拖动边线中间的控制点，可以在水平和垂直方向上缩放对象。

Step 01　把对象左侧的控制点向右拖动，可以使对象变窄，如图 4-7 所示。

Step 02　当把左侧的控制点拖至超过右侧控制点时，可以使对象水平翻转，如图 4-8 所示。

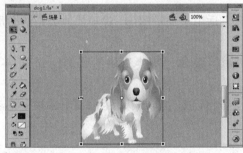
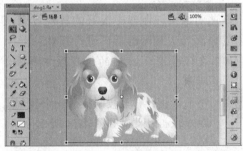

图 4-7　水平缩放　　　　　　　　　　　　图 4-8　水平翻转

Step 03　按住【Alt】键的同时进行缩放操作，可以使对象以中心点为基点进行缩放，如图 4-9 所示。

Step 04　将拖动四角的控制点，可以对对象进行整体缩放。若按住【Shift】键的同时拖动对象四角的控制点，可以使对象进行等比例缩放，如图 4-10 所示。若按住【Alt】键的同时拖动对象四角的控制点，可以以对角点为基点缩放对象。

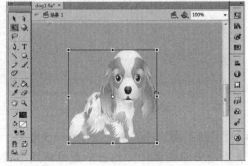

图 4-9　以中心点为基点进行缩放　　　　　　图 4-10　以对角点为基点缩放对象

3．倾斜对象

Step 01 使用任意变形工具选择对象后，将鼠标指针移至其四周的 8 个控制点之间的连线上，当指针变为 ⇔ 形状时按住鼠标左键并拖动，可以倾斜对象，如图 4-11 所示。

Step 02 在按住【Alt】键的同时进行倾斜操作，可以以对象的中心点为基点倾斜对象，如图 4-12 所示。

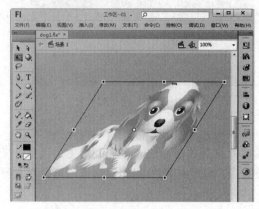

图 4-11　倾斜对象　　　　图 4-12　以中心点为基点倾斜对象

4．扭曲对象

扭曲对象可以制作出很好的透视效果，但它只适用于矢量图形。对于其他类别的图形，可将其分离为矢量图形后再进行扭曲。

Step 01 在任意变形工具的选项区中单击"扭曲"按钮，使其呈按下状态，如图 4-13 所示。

Step 02 将鼠标指针移至控制框的一个控制点上，当指针变为 ▷ 形状时按住鼠标左键并拖动，即可扭曲对象，如图 4-14 所示。

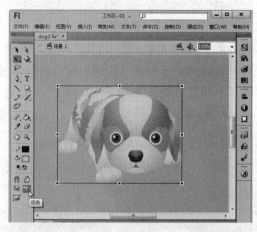
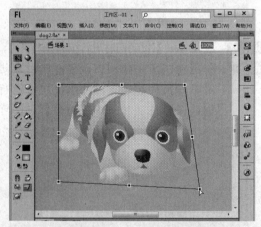

图 4-13　单击"扭曲"按钮　　　　图 4-14　扭曲对象

Step 03 按住【Shift】键的同时扭曲对象，可以对其进行等比例扭曲，如图 4-15 所示。

Step 04 若在对象上、下方或左、右侧的控制点上进行扭曲操作，相当于是倾斜或缩放操作，如图 4-16 所示。

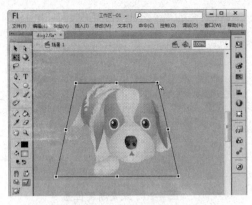

图 4-15　等比例扭曲

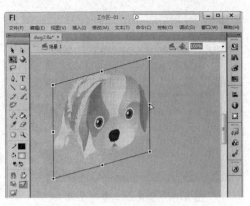

图 4-16　倾斜对象

5. 封套对象

使用封套对象可以对图形进行复杂的变形操作，具体操作方法如下：

Step 01 使用任意变形工具框选对象，并在其选项区中单击"封套"按钮，使其呈按下状态，这时对象四周出现了许多控制点，如图 4-17 所示。

Step 02 在控制点中拖动圆点可以改变对象的曲度，拖动方点可以改变控制点的位置。按住【Alt】键的同时拖动圆点，则可以对其单独进行调整，如图 4-18 所示。

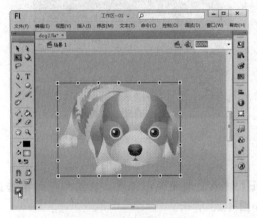

图 4-17　单击"封套"按钮

图 4-18　封套变形

二、渐变变形工具

渐变变形工具主要用于调整渐变色的范围、方向和位置等，而且可以用来调整位图填充的大小和方向。单击工具箱中的任意变形工具并按住鼠标左键不放，在弹出的下拉工具列表中选择渐变变形工具或按【F】键，即可调用该工具。

1. 调整线性渐变

Step 01 打开素材文件"线性渐变.fla"，按【F】键调用渐变变形工具。将鼠标指针移至图形上，当其变为形状时单击鼠标左键，在图形上出现控制柄和旋转中心，如图 4-19 所示。

Step 02 将鼠标指针移至中心点上，指针变为○形状，按住鼠标左键并向下拖动，改变渐变位置，如图 4-20 所示。

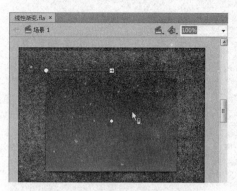

图 4-19 使用渐变变形工具

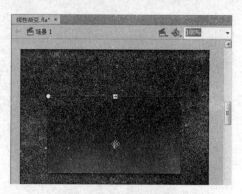

图 4-20 改变渐变位置

Step 03 将鼠标指针移至控制柄 ⊙ 上，按住鼠标左键并向右顺时针方向旋转 90°，改变渐变方向，如图 4-21 所示。

Step 04 将鼠标指针移至控制柄 ⊡ 上，指针变为双向箭头形状，按住鼠标左键并向外拖动，改变渐变填充的范围，如图 4-22 所示。

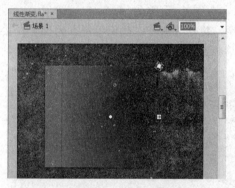

图 4-21 改变渐变方向

图 4-22 改变渐变范围

2. 调整放射性渐变

Step 01 打开素材文件"径向渐变.fla"，按【F】键调用渐变变形工具。在图形下方单击鼠标左键，出现放射状渐变控制柄，如图 4-23 所示。

Step 02 将鼠标指针移至控制柄 ⊙ 上，按住鼠标左键并向内拖动，缩小渐变填充的范围，如图 4-24 所示。

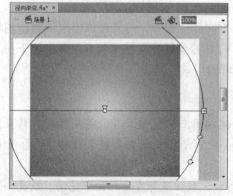

图 4-23 使用渐变变形工具

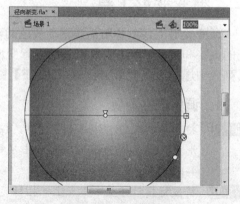

图 4-24 调整渐变范围

Step 03 将鼠标指针移至放射点上，指针变为▽形状，按住鼠标左键并向左拖动，调整渐变放射点位置，如图 4-25 所示。

Step 04 将鼠标指针移至控制柄⊟上，按住鼠标左键并向右拖动，增大渐变的宽度，如图 4-26 所示。

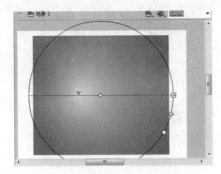

图 4-25 调整渐变放射点位置

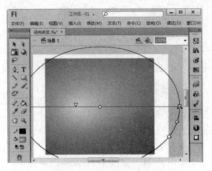

图 4-26 调整渐变宽度

Step 05 将鼠标指针移至控制柄↺上，按住鼠标左键并向逆时针方向旋转，改变渐变的方向，如图 4-27 所示。

Step 06 将鼠标指针移至中心点○上，按住鼠标左键并向右上方拖动，改变渐变填充的位置，如图 4-28 所示。

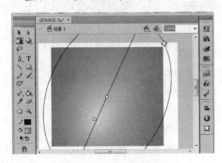

图 4-27 改变渐变方向

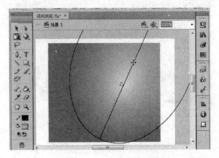

图 4-28 改变渐变填充位置

3. 调整位图填充

Step 01 打开素材文件"位图填充.fla"，按【F】键调用渐变变形工具，在图形上单击鼠标左键，图形四周出现控制柄，如图 4-29 所示。

Step 02 拖动控制柄↺，可以对位图进行等比例缩放，如图 4-30 所示。

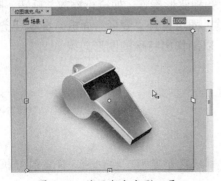

图 4-29 使用渐变变形工具

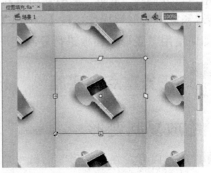

图 4-30 等比例缩放位图填充

Step 03 使用鼠标拖动中心的圆圈◎可以移动位图填充位置，如图 4-31 所示。

Step 04 将左侧的控制柄⊟向右拖动并超出右边缘，即可对位图进行水平翻转操作，如图 4-32 所示。

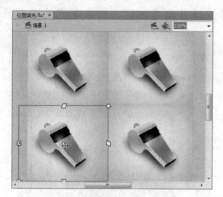 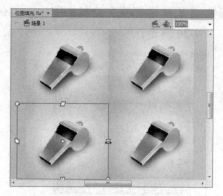

图 4-31　移动位图填充位置　　　　　　　　图 4-32　水平翻转位图

Step 05 拖动控制柄◎，可以对位图进行旋转操作，如图 4-33 所示。

Step 06 拖动控制柄◢，可以对位图进行倾斜操作，如图 4-34 所示。

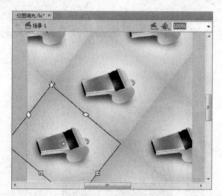 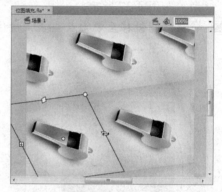

图 4-33　对位图进行旋转　　　　　　　　　图 4-34　对位图进行倾斜

任务二　"变形"面板的使用

 ## 任务概述

　　用户可以通过"变形"面板对所选对象进行各种变形操作，如进行缩放、旋转、倾斜、3D 旋转和复制变形等操作。按【Ctrl+T】组合键，即可打开"变形"面板。在本任务中将介绍如何使用"变形"面板进行复制变形操作，以制作出特殊的图形效果。

 ## 任务重点与实施

一、缩放复制变形

Step 01 选中圆形，在"变形"面板中单击"重制选区和变形"按钮回，将当前形状复制一份，如图 4-35 所示。

Step 02 设置宽度为 80%，然后连续单击"重制选区和变形"按钮田，如图 4-36 所示。

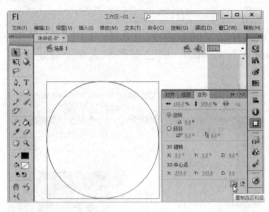
图 4-35　单击"重制选区和变形"按钮

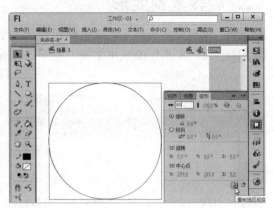
图 4-36　设置缩放变形

Step 03 此时，即可查看经过变形后的图形效果，如图 4-37 所示。

Step 04 恢复到一开始的圆形，将其中心点移至左边线中间，如图 4-38 所示。

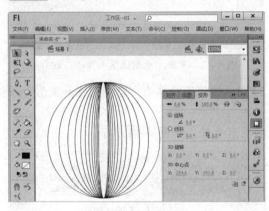
图 4-37　缩放复制变形

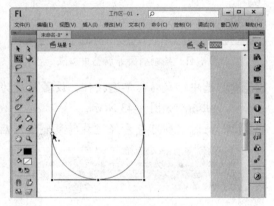
图 4-38　调整中心点位置

Step 05 在"变形"面板中单击"重制选区和变形"按钮田，将当前形状复制一份，如图 4-39 所示。

Step 06 按照前面的方法设置宽度为 80%，然后连续单击"重制选区和变形"按钮，效果如图 4-40 所示。

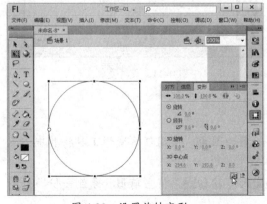
图 4-39　设置旋转变形

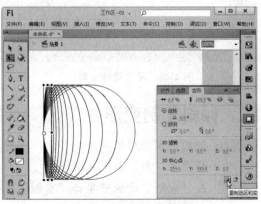
图 4-40　缩放复制变形

二、旋转复制变形

Step 01 使用任意变形工具选中椭圆形状，然后将其中心点移至左侧顶点，如图 4-41 所示。

Step 02 在"变形"面板中单击"重制选区和变形"按钮 ，将当前形状复制一份，如图 4-42 所示。

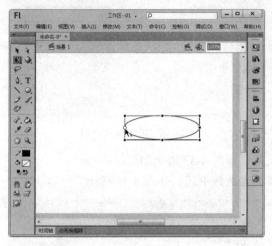

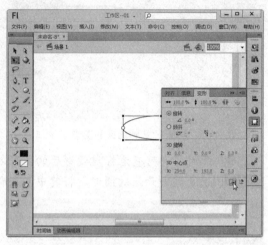

图 4-41 绘制椭圆并调整中心点　　　　　　　图 4-42 单击"重制选区和变形"按钮

Step 03 选中"旋转"单选按钮，设置角度为 15°，然后连续单击"重制选区和变形"按钮 ，如图 4-43 所示。

Step 04 此时，即可查看经过旋转复制变形后的图形效果，如图 4-44 所示。

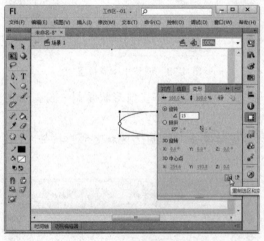

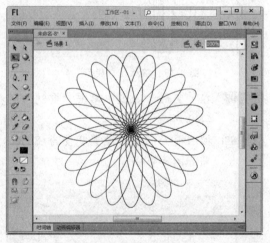

图 4-43 设置旋转变形　　　　　　　　　图 4-44 旋转复制变形

三、倾斜复制变形

Step 01 使用基本矩形工具绘制矩形，设置其一角为圆角，使用任意变形工具将其中心点移至左下角，如图 4-45 所示。

Step 02 在"变形"面板中单击"重制选区和变形"按钮 ，将当前形状复制一份，如图 4-46 所示。

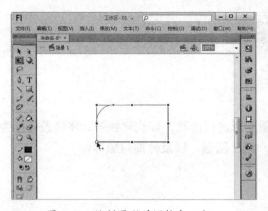

图 4-45 绘制图形并调整中心点

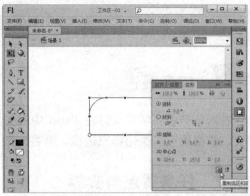

图 4-46 单击"重制选区和变形"按钮

Step 03 选中"倾斜"单选按钮，设置角度为 15°，然后连续单击"重制选区和变形"按钮 🔁，如图 4-47 所示。

Step 04 此时，即可查看经过倾斜复制变形后的图形效果，如图 4-48 所示。

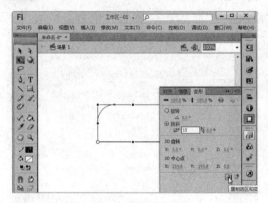

图 4-47 设置倾斜变形

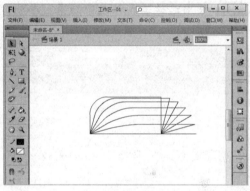

图 4-48 倾斜复制变形

四、综合复制变形

Step 01 将椭圆形状的中心点移至左端，在"变形"面板中设置宽度为 80%，旋转角度为 15°，然后连续单击"重制选区和变形"按钮 🔁，如图 4-49 所示。

Step 02 此时，即可查看经过综合复制变形后的图形效果，如图 4-50 所示。

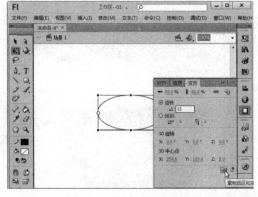

图 4-49 设置变形参数

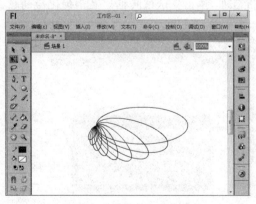

图 4-50 综合复制变形

任务三 矢量图形的修改

任务概述

在本任务中将学习如何在 Flash 中对矢量图形进行修改，如优化线条、将线条转换为填充、扩展填充、柔化填充边缘、合并对象、组合图形，以及分离对象等。

任务重点与实施

一、优化线条

通过优化线条可以减少线条中的曲线，具体操作方法如下：

Step 01 使用铅笔工具在舞台中绘制线条，如图 4-51 所示。

Step 02 使用选择工具，选中线条，单击"修改"|"形状"|"优化"命令，如图 4-52 所示。

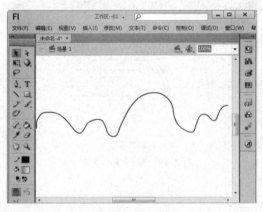

图 4-51 绘制线条

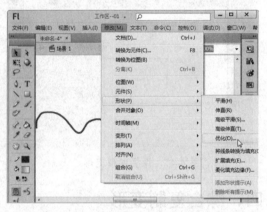

图 4-52 选择"优化"命令

Step 03 在弹出的"优化曲线"对话框中设置"优化强度"为 100，单击"确定"按钮，如图 4-53 所示。

Step 04 弹出提示信息框，显示优化后的数据信息，单击"确定"按钮，如图 4-54 所示。

图 4-53 设置优化曲线

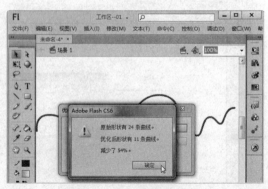

图 4-54 优化线条数据信息

二、线条转换为填充

用户可以根据需要将线条转换为填充，这样就有了填充的属性，具体操作方法如下：

Step 01 打开素材文件"树.fla"，使用选择工具选中树的线条部分，在"属性"面板可以看到形状只有笔触，没有填充，如图 4-55 所示。

Step 02 单击"修改"|"形状"|"将线条转换为填充"命令，如图 4-56 所示。

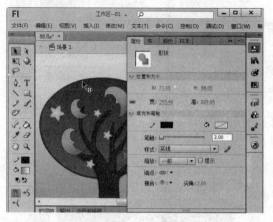

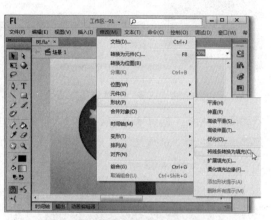

图 4-55　选择线条 　　　　　图 4-56　选择"将线条转换为填充"命令

Step 03 此时，即可将线条转换为填充。在"属性"面板中可以看到形状只有填充，没有笔触，如图 4-57 所示。

Step 04 使用选择工具调整转换后的线条，效果如图 4-58 所示。

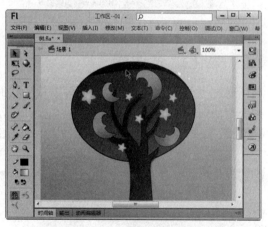

图 4-57　线条转换为填充 　　　　　图 4-58　调整转换后的线条

三、扩展填充

使用"扩展填充"功能可以扩展或减小形状的填充，具体操作方法如下：

Step 01 在舞台上绘制图形，外圈是一个只有线条的圆，里面是一个包含线条和填充的圆。选中圆的填充部分，然后单击"修改"|"形状"|"扩展填充"命令，如图 4-59 所示。

Step 02 弹出"扩展填充"对话框，设置"距离"为 20 像素，选中"插入"单选按钮，然后单击"确定"按钮，如图 4-60 所示。

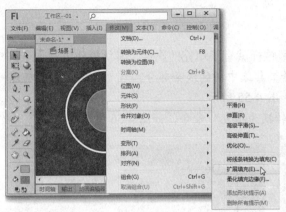

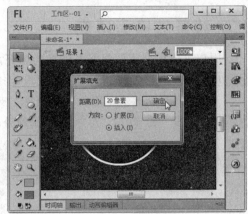

图 4-59　选择"扩展填充"命令　　　　　　　图 4-60　设置扩展填充

Step 03 此时，即可查看经过"插入"扩展后的图形效果，如图 4-61 所示。

Step 04 若在"扩展填充"对话框中选中"扩展"单选按钮，则经过"扩展"填充后的效果如图 4-62 所示。

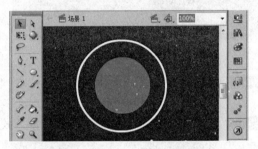

图 4-61　"插入"效果　　　　　　　　　图 4-62　"扩展"效果

四、柔化填充边缘

通过"柔化填充边缘"功能可以使形状的填充得到边缘柔化的效果，下面将通过实例来介绍如何制作柔化填充边缘，具作操作方法如下：

Step 01 打开素材文件"月色.fla"，在背景图层上新建一个图层，然后使用椭圆工具绘制一个圆形，如图 4-63 所示。

Step 02 选中圆形，单击"修改"|"形状"|"柔化填充边缘"命令，如图 4-64 所示。

图 4-63　绘制椭圆　　　　　　　　　图 4-64　选择"柔化填充边缘"命令

Step 03　弹出"柔化填充边缘"对话框，设置距离和步长数等参数，单击"确定"按钮，如图 4-65 所示。

Step 04　此时，形状边缘得到了柔化，效果如图 4-66 所示。

 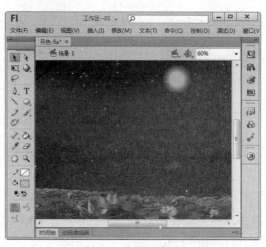

图 4-65　设置柔化填充边缘　　　　　图 4-66　柔化填充边缘效果

在"柔化填充边缘"对话框中，各个选项的含义如下：

➢ **距离**：可以以"像素"为单位设置边缘的宽度。

➢ **步长数**：设置步长值，即柔化部分由几步构成。

➢ **方向**：设置柔化的方向，"扩展"表示向外柔化，"插入"表示向内柔化。

五、合并对象

利用"合并对象"功能可以将绘制的对象进行合并操作，从而形成特殊的图形效果，具体操作方法如下：

Step 01　打开素材文件"00.fla"，在"对象绘制"模式下使用椭圆工具绘制几个大小不同、填充颜色不同的圆，如图 4-67 所示。

Step 02　将对象按从大到小的顺序叠加在一起，然后按【Ctrl+A】组合键同时选择舞台上的所有对象，如图 4-68 所示。

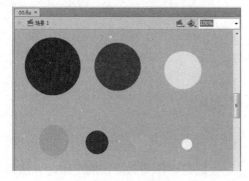 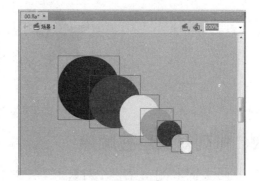

图 4-67　绘制图形　　　　　　　图 4-68　叠放并全选图形

Step 03　在菜单栏中单击"修改"|"合并对象"|"联合"命令，如图 4-69 所示。

Step 04 此时，即可将多个绘制对象合并为单个绘制对象，如图 4-70 所示。

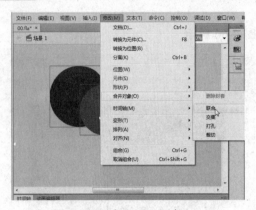

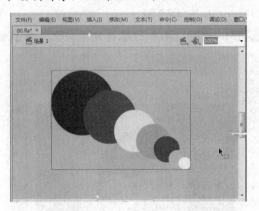

图 4-69 选择"联合"命令　　　　　　　　　图 4-70 合并对象

若在"合并对象"子菜单中选择"交集"命令，则只保留两个或多个绘制对象相交的部分，并将其合并为单个绘制对象，如图 4-71 所示。

若选择"打孔"命令，将使用位于上层的绘制对象来删除下层绘制对象中的相应部分，并将其合并为单个绘制对象，如图 4-72 所示。

图 4-71 "交集"效果　　　　　　　　　图 4-72 "打孔"效果

若选择"裁切"命令，将使用它们的重叠部分，而只保留下层绘制对象的相应部分，并将其合并为单个绘制对象，如图 4-73 所示。

图 4-73 "裁切"效果

六、排列对象层叠顺序

在同一个图层中，若多个对象相互层叠时，可根据需要排列其叠加的层次，方法为：在菜单栏中单击"修改"|"排列"命令，然后在其子菜单中选择"移至顶层"、"上移一层"、"下移一层"、"移至底层"命令，如图 4-74 所示。也可以右击要移动层次的对象，然后在弹出的快捷菜单中选择"排列"命令，如图 4-75 所示。

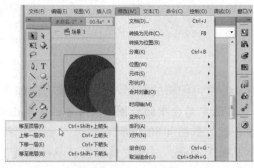

图 4-74　选择排列选项

图 4-75　通过快捷菜单排列对象

还可以通过快捷键的方式快速调整对象层次，例如，按【Ctrl+Shift+↑】组合键可将对象移至顶层；按【Ctrl+Shift+↓】组合键可将对象移至顶层；按【Ctrl+↑】组合键可将对象上移一层；按【Ctrl+↓】组合键可将对象下移一层。

七、组合图形

在编辑图形的过程中，若要将组成图形的多个部分或多个图形作为一个整体进行移动、变形或缩放等编辑操作，可以将其组合起来形成一个图形，然后对其进行相应的操作，从而提高编辑效率。

Step 01 打开素材文件 "03.fla"，可以看到多片树叶，如图 4-76 所示。

Step 02 把分散的树叶按顺序叠放在一起，按【Ctrl+A】组合键把图形全部选中，如图 4-77 所示。

图 4-76　打开素材文件

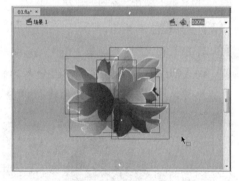

图 4-77　全选图形

Step 03 在菜单栏中单击 "修改" | "组合" 命令或按【Ctrl+G】组合键，如图 4-78 所示。

Step 04 此时，即可将所选的图形组合，如图 4-79 所示。

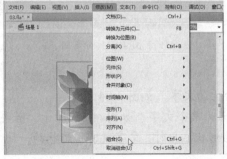

图 4-78　选择 "组合" 命令

图 4-79　组合图形

八、分离对象

(1) 分离位图

使用"分离"命令可以将位图转换为在 Flash 中可编辑的图形，具体操作方法如下：

Step 01 打开素材文件"海豚.fla"，使用选择工具选中舞台中的位图，在菜单栏中单击"修改"|"分离"命令或按【Ctrl+B】组合键，如图 4-80 所示。

Step 02 此时即可将位图分离为形状，打开"属性"面板，就会发现位图的属性变成了形状，如图 4-81 所示。

图 4-80 选择"分离"命令

图 4-81 分离位图

(2) 分离组

Step 01 打开素材文件"蝴蝶 2.fla"，选中舞台中的组对象，如图 4-82 所示。

Step 02 按【Ctrl+B】组合键，将组分离为独立的对象，相当于执行了"取消组合"命令。此时，即可对各对象分别进行调整，如图 4-83 所示。

图 4-82 选中图像

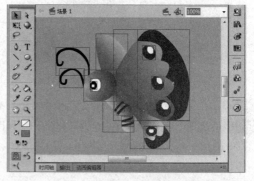

图 4-83 分离组

(3) 分离文本

Step 01 打开素材文件"文字 1.fla"，选中舞台上的文本，如图 4-84 所示。

Step 02 按【Ctrl+B】组合键，即可将文本分离为单个文字，如图 4-85 所示。若再次按【Ctrl+B】组合键，即可将文本分离为形状。此时，文字就有了形状的一切特性，可通过调整形状来制作特殊效果的文字。

图 4-84　选中文本

图 4-85　分离文本

项目小结

通过本项目的学习，读者应重点掌握以下知识。

（1）在变形期间，所选元素的中心会出现一个中心点，变形操作将以这个中心点为基点进行，用户可以根据需要移动中心点的位置。

（2）使用任意变形工具结合按键可以以特定的方式进行变形操作。

（3）使用渐变变形工具可以将图形的渐变色调整为所需的效果。

（4）使用"变形"面板可以对所选对象进行精确的缩放、旋转和倾斜操作，还可以利用复制变形制作出复杂的图形效果。

（5）可以对图形的填充进行扩展/收缩或柔化边缘操作。

（6）可以将多个图形对象组合起来进行整体操作。

（7）使用"分离"命令可以将对象最终分离为形状。

项目习题

（1）打开素材文件"机器人.fla"，打开"库"面板。使用选择工具将"库"面板中的项目分别拖至舞台并调整位置，然后使用任意变形工具调整个图形的大小和方向，效果如图 4-86 所示。

（2）使用绘图工具结合图形修改工具绘制如图 4-87 所示的场景。

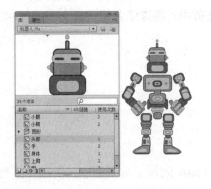

图 4-86　组合机器人

图 4-87　绘制场景

项目五　Flash 文本的应用

项目概述

　　文本是制作动画时必不可少的元素，它可以使制作的动画主题更为突出，无论是短片、广告，还是趣味游戏，都离不开文本的应用。在 Flash CS6 中，除了可以在动画中输入文本外，还可以制作多种文字效果，以及进行文本交互输入。在本项目中，将详细介绍 Flash 文本应用的相关知识。

项目重点

　　❧ 掌握传统文本工具的特点和使用方法。
　　❧ 掌握 TLF 文本工具的特点和使用方法。
　　❧ 使用文本工具和绘图工具制作具有特殊效果的文本效果。

项目目标

　　➲ 掌握多种设置文本的方法，如设置字体格式、段落格式，旋转、倾斜文本等。
　　➲ 能够制作出所需的文本效果。

任务一　　传统文本的应用

任务概述

　　在 Flash CS6 中包括两种文本引擎，传统文本和 TLF 文本。其中，传统文本有 3 种文本类型：静态文本、动态文本和输入文本。在本任务中，将详细介绍传统文本的使用方法。

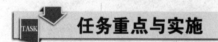

任务重点与实施

一、静态文本

1. 创建静态文本

　　静态文本是最常用的文本类型，它只能通过 Flash 创作工具来创建，所以在某种意义上是一幅图片。创建静态文本的方法如下：

Step 01　在 "工具" 面板中单击 "文本工具" 按钮 T 或按【T】键，调用文本工具。打开 "属性" 面板，选择 "传统文本" 类型，然后在其下方选择 "静态文本" 类型，如图 5-1 所示。

Step 02　在舞台中单击鼠标左键，即可出现一个文本框，文本框右上角显示一个空心的圆，此为可伸缩文本框，如图 5-2 所示。

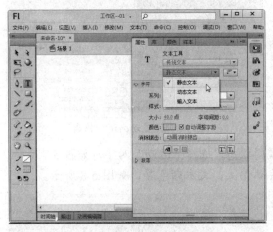

图 5-1　选择 "静态文本" 类型

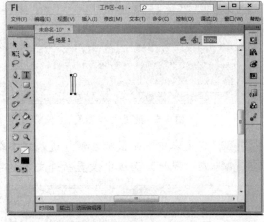

图 5-2　使用文本工具

Step 03　在文本框中输入所需的文字，然后单击舞台其他位置，即可完成输入操作，如图 5-3 所示。

Step 04　调用文本工具后，通过拖动鼠标可以绘制一个单行的文本框，文本框右上角显示一个空心的方块，此为固定文本框，即不会进行自动伸缩。因此，当文字宽度超过该文本框时将自动进行换行处理，如图 5-4 所示。

图 5-3　输入文字

图 5-4　创建固定文本框

2. 设置静态文本字体格式

Step 01　打开素材文件 "静态文字.fla"，新建图层，使用文本工具在新的图层中输入所需的文本，在 "属性" 面板中设置字体、字号以及字间距，如图 5-5 所示。

Step 02　单击 "消除锯齿" 下拉按钮，在弹出的下拉列表中选择 "动画消除锯齿" 选项，如图 5-6 所示。

图 5-5　设置文本格式

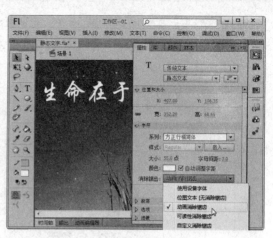

图 5-6　设置动画消除锯齿

Step 03 在文本中双击鼠标左键，进入文本编辑状态，选择"运动"两字，如图 5-7 所示。

Step 04 在"属性"面板中设置所选文本的字体格式、文本颜色等，如图 5-8 所示。

图 5-7　选中部分文本

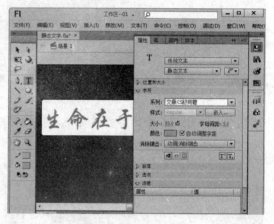

图 5-8　设置文本格式

Step 05 单击"文本"|"样式"|"仿斜体"命令，设置所选文本为斜体，如图 5-9 所示。

Step 06 选中全部文字，在"属性"面板的"滤镜"组中单击"添加滤镜"按钮 ，在弹出的列表中选择"投影"滤镜，如图 5-10 所示。

图 5-9　选择"仿斜体"命令

图 5-10　选择"投影"滤镜

Step **07**　根据需要设置"投影"滤镜的各项参数，如图 5-11 所示。

Step **08**　按【Ctrl+Enter】组合键测试动画，查看静态文本最终效果，如图 5-12 所示。

图 5-11　设置"投影"滤镜参数　　　　　　　　　图 5-12　测试动画

二、动态文本

1. 创建动态文本

动态文本字段显示动态更新的文本，如股票报价或天气预报。动态文本包含外部源（如文本文件、XML 文件及远程 Web 服务）加载的内容，它的功能很强大，但并不完美，只允许动态显示，不允许动态输入。

在创建动态文本或输入文本时，可以将文本放在单独的一行中，也可以创建定宽和定高的文本字段。对于扩展的动态或输入文本字段，会在该文本字段的右下角出现一个圆形手柄，如图 5-13 所示。

对于动态可滚动文本字段，圆形或方形手柄由空心变为实心黑块，如图 5-14 所示。用户可以在按住【Shift】键的同时双击动态和输入文本字段的手柄，以创建在舞台上输入文本时不扩展的文本字段。

　　　　　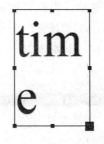

图 5-13　扩展动态文本字段　　　　图 5-14　动态可滚动文本字段

2. 动态文本的应用

Step **01**　打开素材文件"动态文本 1.fla"，调用文本工具，在"属性"面板中选择"传统文本"类型，然后在其下方选择"动态文本"选项，如图 5-15 所示。

Step **02**　在舞台中拖动鼠标创建文本框，然后选中该文本框，在"属性"面板中设置其实例名称为 txt1，如图 5-16 所示。

图 5-15　选择"动态文本"选项

图 5-16　设置实例名称

Step 03 按【F9】键打开"动作"面板，从中输入代码"txt1.text="为乐趣而读书!""，如图 5-17 所示。

Step 04 按【Ctrl+Enter】组合键测试动画，查看动态文本效果，如图 5-18 所示。

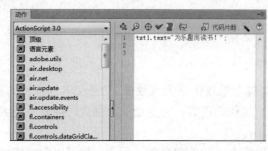

图 5-17　输入代码

图 5-18　测试动画

三、输入文本

输入文本用于在 Flash 动画中接收用户的输入数据，如表单或密码输入区域。下面将介绍如何在舞台上添加输入文本，方法如下：

Step 01 新建 ActionScript 2.0 Flash 文件，如图 5-19 所示。ActionScript 3.0 的 Flash 文件不支持"变量"选项，因此只能选择低版本的 ActionScript 语言。

Step 02 选择文本工具，在"属性"面板中选择"输入文本"选项，并单击"在文本周围显示边框"按钮，如图 5-20 所示。

图 5-19　新建文件

图 5-20　选择"输入文本"选项

Step 03 在舞台中绘制文本框，并在"属性"面板的"选项"组中设置变量为 a1，如图 5-21 所示。

Step 04 用同样的方法绘制一个文本框，并将其设置为"动态文本"，设置其变量同样为 a1，如图 5-22 所示。

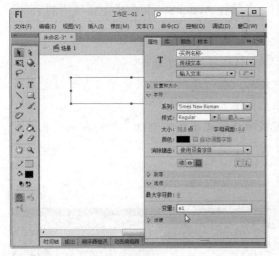 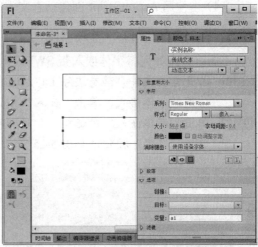

图 5-21　设置变量　　　　　　　　　　　图 5-22　绘制动态文本框

Step 05 按【Ctrl+Enter】组合键测试影片，在输入文本框中输入内容，此时在动态文本框中将动态显示输入的文本，如图 5-23 所示。

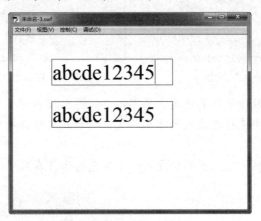

图 5-23　测试动画

四、设置嵌入字体

当计算机通过 Internet 播放发布的 SWF 文件时，不能保证使用的字体在各台计算机上都可用。要确保 SWF 中的文本保持所需的外观，可以嵌入全部字体或某种字体的特定字符子集。通过在发布的 SWF 文件中嵌入字符，可以使该字体在 SWF 文件中可用，而无须考虑播放该文件的计算机中是否包含所有的字体。

1. 什么情况下需要嵌入字体

通常在下列情况中需要通过在 SWF 文件中嵌入字体，以确保正确的文本外观。

（1）在要求文本外观一致的设计过程中，需要在 FLA 文件中创建文本对象时。

（2）在使用消除锯齿选项而非"使用设备字体"时必须嵌入字体，否则文本可能会消失或者不能正确显示。

（3）在 FLA 文件中使用 ActionScript 动态生成文本时。

（4）当使用 ActionScript 创建动态文本时，必须在 ActionScript 中指定要使用的字体。

2. 在 SWF 文件中嵌入字体

下面将介绍如何将字体嵌入带 SWF 文件中，具体操作方法如下：

Step 01 打开素材文件"静态文字.fla"，选中文本，在"属性"面板中可以看到该文本所使用的字体格式，单击"嵌入"按钮，如图 5-24 所示。

Step 02 弹出"字体嵌入"对话框，此时即可将所选的文本字体自动添加到左侧列表中，单击"确定"按钮，如图 5-25 所示。

图 5-24　单击"嵌入"按钮

图 5-25　嵌入字体

Step 03 用同样的方法继续嵌入其他文本的字体，如图 5-26 所示。也可以在右窗格的"名称"下拉列表中选择要嵌入的字体格式，然后在左窗格中单击"添加新字体"按钮 ➕。

Step 04 打开"库"面板，可以看到所嵌入的字体已经保存在库中，如图 5-27 所示。

图 5-26　添加嵌入字体

图 5-27　查看字体对象

任务二　TLF 文本的应用

 **任务概述**

在 Flash CS6 中可以使用新文本引擎 Text Layout Framework（TLF）向 Flash 文件中添加文本。TLF 支持更多丰富的文本布局功能和对文本属性的精细控制。在本任务中，将详细介绍 TLF 文本的使用方法。。

 任务重点与实施

一、认识 TLF 文本

TLF 文本引擎具有比传统文本引擎更为强大的功能，包含"只读"、"可选"和"可编辑"三种文本类型，如图 5-28 所示。其中：

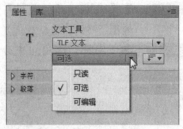

图 5-28　选择文本类型

> **只读**：当作为 SWF 文件发布时，此文本无法选中或编辑。
> **可选**：当作为 SWF 文件发布时，此文本可以选中并复制到剪贴板中，但不可以编辑。
> **可编辑**：当作为 SWF 文件发布时，此文本可以选中并编辑。

与传统文本相比，TLF 文本支持更多丰富的文本布局功能和对属性的精细控制，其提供了下列增强功能：

> **更多字符样式**：包括行距、连字、加亮颜色、下画线、删除线、大小写和数字格式等。
> **更多段落样式**：包括通过栏间距支持多列、末行对齐选项、边距、缩进、段落间距和容器填充值等。
> **控制更多亚洲字体属性**：包括直排内横排、标点挤压、避头尾法则类型和行距模型等。
> **应用多种其他属性**：可以为 TLF 文本应用 3D 旋转、色彩效果以及混合模式等属性，而无须将 TLF 文本放置在影片剪辑元件中。
> **文本可按顺序排列在多个文本容器中**：这些容器称为串接文本容器或链接文本容器，创建后文本可以在容器中流动。
> **支持双向文本**：其中从右到左的文本可以包含从左到右文本的元素。当遇到在阿拉伯语或希伯来语文本中嵌入英语单词或阿拉伯数字等情况时，此功能必不可少。

二、设置字符与段落属性

Step 01 打开素材文件"TLF 文本.fla"，选择文本工具，在"属性"面板中设置为 TLF 文本，并设置字符属性，如图 5-29 所示。

Step 02 在文档中输入所需的文本，如图 5-30 所示。

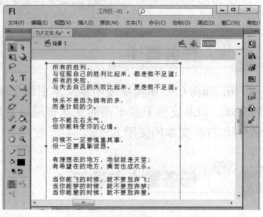

图 5-29　设置字符属性　　　　　　　　　　　　　　图 5-30　输入文本

Step 03 选择文本，在"属性"面板中设置文字大小及字间距，此时文本框会自动加宽，如图 5-31 所示。

Step 04 在"字符"选项组中分别设置文字颜色及加亮颜色，效果如图 5-32 所示。

图 5-31　设置字体大小及字间距　　　　　　　　　　图 5-32　加亮文字

Step 05 在"段落"选项组中设置居中对齐，并设置段落间距，如图 5-33 所示。

Step 06 在"高级段落"选项组中选择"标点挤压"方式为"间隔"，如图 5-34 所示。

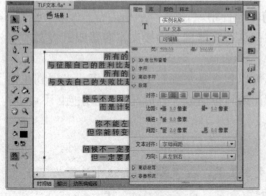

图 5-33　设置段落属性　　　　　　　　　　　　　　图 5-34　选择"标点挤压"方式

三、制作跨容器流动文本

使用 TLF 文本可以在多个文本框中进行串联或链接，具体操作方法如下：

Step 01 打开素材文件"流动文本.fla"，绘制一个 TLF 文本框，并输入所需的文本，如图 5-35 所示。

Step 02 单击文本框右侧的"出口"按钮，如图 5-36 所示。

图 5-35　输入文本

图 5-36　单击"出口"按钮

Step 03 在舞台的其他位置单击或拖动鼠标，即可创建另一个容器，并自动连接两个容器，文本在两个容器间"流动"，如图 5-37 所示。若要连接现有的容器，只需在单击"出口"按钮后在现有容器内单击鼠标左键即可。

Step 04 选中文本框，在"属性"面板的"容器和流"选项组中设置容器背景颜色，如图 5-38 所示。若要断开连接，只需双击容器的"入口"按钮即可。

图 5-37　创建连接容器

图 5-38　设置容器背景色

任务三　制作特殊效果文本

 任务概述

在 Flash CS6 中包括两种文本引擎，传统文本和 TLF 文本。其中，传统文本有 3 种文本类型：静态文本、动态文本和输入文本；TLF 文本也包含 3 种类型：只读文本、可选文本和可编辑文本。

一、制作金属字

Step 01 新建 Flash 文件，在"属性"面板中设置舞台大小及颜色，如图 5-39 所示。

Step 02 使用文本工具输入字符 FLASH，在"属性"面板中设置字符属性，如图 5-40 所示。

图 5-39 设置文档属性　　　　　　　　　　　　图 5-40 输入字符并设置格式

Step 03 在"时间轴"面板中右击"图层 1"，在弹出的快捷菜单中选择"复制图层"命令，如图 5-41 所示。

Step 04 锁定并隐藏"图层 1"，选中复制图层的文字，连续按两次【Ctrl+B】组合键将其分离为形状，如图 5-42 所示。

图 5-41 选择"复制图层"命令　　　　　　　　图 5-42 分离文本

Step 05 打开"颜色"面板，设置浅灰和深灰相间的线性渐变，如图 5-43 所示。

Step 06 选中形状文字，使用颜料桶工具在形状上拖动设置渐变颜色，然后使用渐变变形工具调整渐变颜色，效果如图 5-44 所示。

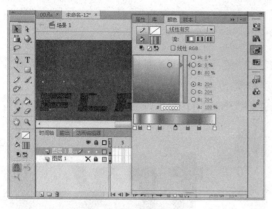

图 5-43　设置线性渐变

图 5-44　应用渐变

Step 07　锁定并隐藏复制图层，同时解锁和显示"图层 1"。选择文字，打开"属性"面板，在"滤镜"组中单击"添加滤镜"按钮，在弹出的列表中选择"斜角"滤镜，如图 5-45 所示。

Step 08　设置"斜角：滤镜的各项参数，如图 5-46 所示。

图 5-45　选择"斜角"滤镜

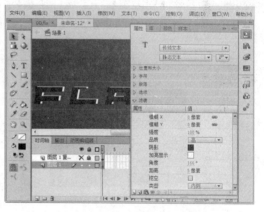

图 5-46　设置"斜角"滤镜参数

Step 09　用同样的方法添加"投影"滤镜，并设置滤镜参数，如图 5-47 所示。

Step 10　显示复制图层，查看金属字效果，如图 5-48 所示。

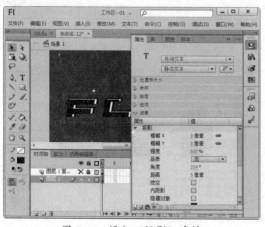

图 5-47　添加"投影"滤镜

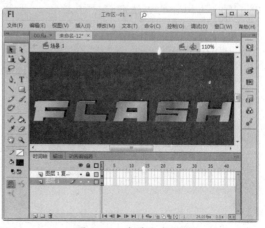

图 5-48　查看文字效果

二、制作立体字

Step 01 使用文本工具在舞台中输入字符，然后在"属性"面板中设置字符属性，如图 5-49 所示。

Step 02 连续按两次【Ctrl+B】组合键，将文字分离为形状，如图 5-50 所示。

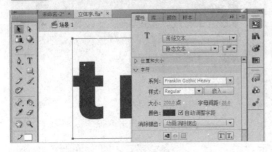

图 5-49 设置字符属性   图 5-50 分离文本

Step 03 将舞台显示比例设置为 1000%，在按住【Alt】键的同时向左上方拖动文字 1 像素，即可复制并移动图形，如图 5-51 所示。

Step 04 多次按【Ctrl+Y】组合键，重复执行上一步的复制并移动操作，直至出现立体效果，如图 5-52 所示。此时，最上方的文字图形处于选中状态。

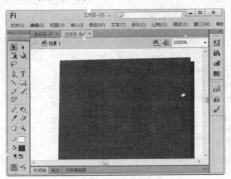
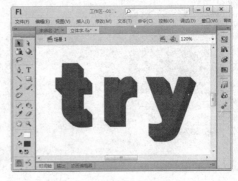

图 5-51 复制并微调文字   图 5-52 重复执行操作

Step 05 按【Ctrl+X】组合键剪切选中的文字，然后新建一个图层，在舞台的空白位置右击，在弹出的快捷菜单中选择"粘贴的当前位置"命令，如图 5-53 所示。

Step 06 用同样的方法新建"图层 3"，并复制"图层 2"中的图形，然后隐藏并锁定"图层 2"，如图 5-54 所示。

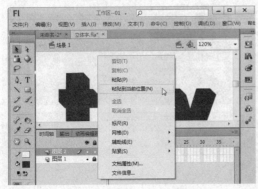

图 5-53 新建图层并原位置粘贴   图 5-54 新建图层并复制图形

Step 07 打开"颜色"面板，从中设置线性渐变，如图 5-55 所示。

Step 08 使用颜料桶工具在"图层 3"中的文字图形中创建渐变颜色，并使用渐变变形工具调整渐变，效果如图 5-56 所示。

图 5-55 设置线性渐变 图 5-56 应用并调整渐变

Step 09 用同样的方法在"图层 1"的立体文字图形上创建渐变，这里的渐变色应调暗些，如图 5-57 所示。

Step 10 显示并解锁"图层 2"，单击"图层 2"的第 1 帧即可选中其中的图形，使用方向键分别将该图形向上和向左移动 2 个像素，如图 5-58 所示。

图 5-57 设置图形渐变色 图 5-58 微调图形

Step 11 设置"图层 2"中的文字图形填充颜色为白色，并设置舞台颜色为深灰色，如图 5-59 所示。

Step 12 使用橡皮擦工具擦除不需要的白边，至此立体字制作完成，效果如图 5-60 所示。

图 5-59 设置图形填充为白色 图 5-60 查看文字效果

三、制作披雪字

Step 01 使用文本工具在舞台中输入文字，并在"属性"面板中设置字符属性，如图 5-61 所示。

Step 02 连续按两次【Ctrl+B】组合键，将文字分离为形状，如图 5-62 所示。

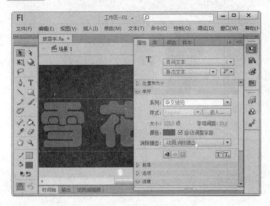 

图 5-61 设置字符属性 　　　　　 图 5-62 分离文字为形状

Step 03 使用墨水瓶工具在文字的边缘单击鼠标左键，对其添加线条，如图 5-63 所示。

Step 04 选择橡皮擦工具，并在其"擦除填色"模式下擦除文字中需要被白雪覆盖的部分，如图 5-64 所示。

图 5-63 添加线条 　　　　　 图 5-64 擦除部分填充

Step 05 使用颜料桶工具为文字中空缺的部分填充白色，如图 5-65 所示。

Step 06 选中文字的线条并将其删除，至此披雪字制作完成，如图 5-66 所示。

图 5-65 使用颜料桶填充白色 　　　　　 图 5-66 查看文字效果

四、制作滚动文字

Step 01 打开素材文件"滚动文字.fla"，选择文本工具，在"属性"面板中设置其为动态文本，并设置字符和段落属性，如图 5-67 所示。

Step 02 在舞台中拖动鼠标绘制文本框，并输入所需的文本，然后右击文本框，在弹出的快捷菜单中选择"可滚动"命令，如图 5-68 所示。

图 5-67　设置动态文本属性　　　　　　　图 5-68　选择"可滚动"命令

Step 03 根据需要调整文本框的高度，如图 5-69 所示。

Step 04 单击"窗口"|"组件"命令或按【Ctrl+F7】组合键，打开"组件"面板，在文件夹中将 ULScrollBar 组件拖至动态文本中，如图 5-70 所示。

图 5-69　调整文本框高度　　　　　　　　图 5-70　拖动 ULScrollBar 组件

Step 05 此时，将自动在文本的右侧添加滚动条，可通过任意变形工具调整滚动条的大小，如图 5-71 所示。

Step 06 按【Ctrl+Enter】组合键测试动画，查看滚动文本效果，如图 5-72 所示。

专家指导
Expert guidance →

用户也可为 TLF 文本添加滚动条以创建滚动文本。若要设置滚动条的样式，只需选中滚动条，然后打开"属性"面板，在"色彩效果"选项组中进行设置即可。

图 5-71　添加滚动条

图 5-72　查看滚动文字效果

五、调用外部文本文件

Step 01　新建并保存文件，在舞台中创建动态文本框，在"属性"面板中设置实例名称为 myText，如图 5-73 所示。

Step 02　新建记事本文件，输入所需的文本，单击"文件"│"保存"命令或按【Ctrl+S】组合键，如图 5-74 所示。

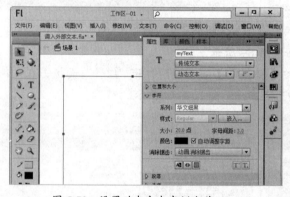

图 5-73　设置动态文本实例名称

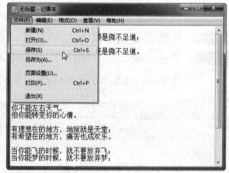

图 5-74　选择"保存"命令

Step 03　弹出"另存为"对话框，设置保存位置与 Flash 文件在同一目录下，设置文件名为 1，选择编码类型为 UTF-8，单击"保存"按钮，如图 5-75 所示。

Step 04　新建"图层 2"，并选中其第 1 帧，如图 5-76 所示。

图 5-75　设置保存为"UTF-8"类型

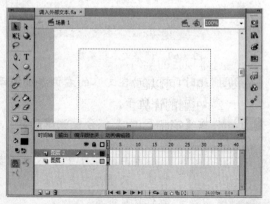

图 5-76　新建图层

Step 05 按【F9】键打开"动作"面板，输入如图 5-77 所示的代码。

Step 06 打开"组件"面板，将 ULScrollBar 组件拖至动态文本框中，如图 5-78 所示。

图 5-77　输入代码

图 5-78　拖动 ULScrollBar 组件

Step 07 此时，即可为动态文本框添加滚动条，如图 5-79 所示。

Step 08 按【Ctrl+Enter】组合键测试动画，查看调用外部文本文件效果，如图 5-80 所示。

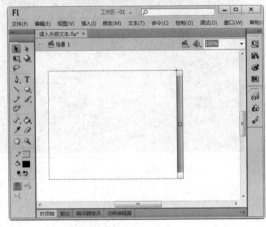

图 5-79　添加滚动条

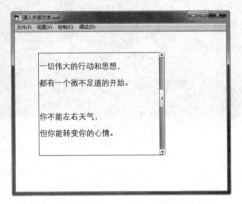

图 5-80　查看调用文本效果

项目小结

通过本项目的学习，读者应重点掌握以下知识。

（1）用户可以创建三种类型的传统文本字段：静态、动态和输入。

（2）在别的计算机上播放 Flash 时，为了确保文本保持所需外观，可设置嵌入字体或将文字分离为形状。

（3）使用 TLF 文本可以进行丰富的文本布局功能和对文本属性的精细控制。

（4）TLF 文本要求在 FLA 文件的发布设置中指定 ActionScript 3.0 和 Flash Player 10 或更高版本。

（5）用户可根据需要在传统文本和 TLF 文本之间转换，Flash 将保留大部分格式。

（6）使用消除锯齿功能可以使屏幕文本的边缘变得平滑。消除锯齿选项对于呈现较小的字体大小尤其有效。

项目习题

（1）制作彩虹字，效果如图 5-81 所示。

操作提示：

① 输入文字并将其分离为图形。②使用"颜色"面板设置彩虹色的渐变。③使用颜料桶工具在文字上绘制渐变。

（2）为静态文字添加网页链接，单击文字后打开相应网页，如图 5-82 所示。

操作提示：

① 选中要创建链接的文字。②在"属性"面板的"选项"组中输入链接地址。

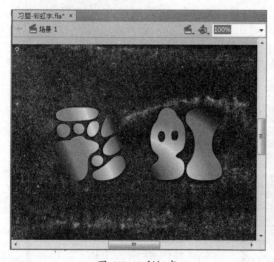

图 5-81　彩虹字

图 5-82　添加网页链接

项目六　元件、实例和库的应用

项目概述

在 Flash CS6 中可以导入和创建多种资源来制作 Flash 动画。这些资源在 Flash 中作为元件、实例和库资源进行管理。在本项目中，将详细介绍元件、实例和库的使用方法。

项目重点

- 了解元件及实例的类别，以及"库"面板的作用。
- 掌握多种创建和编辑元件的方法。
- 掌握创建和编辑实例的方法。
- 掌握"库"面板的使用方法。

项目目标

- 能够快速创建所需类型的元件。
- 能够在"属性"面板中对实例进行色彩效果、显示、滤镜等设置。
- 能够使用"库"面板有效地组织 Flash 文档中的资源。

任务一　认识元件、实例和库

任务概述

元件是 Flash 动画中的基本构成要素之一，除了便于大量制作之外，它还是制作某些特殊动画所不可或缺的对象。创建元件后便会自动保存在"库"面板中，它可以以实例的形式在舞台上反复使用而不会增大文件的体积。在本任务中，将主要学习如何创建与编辑元件及实例，以及库资源的管理。

任务重点与实施

一、认识元件和实例

1．元件

在 Flash 中共包含了 3 种类型的元件：图形元件🖼、按钮元件🖱和影片剪辑元件🎬。

- **图形元件**：图形元件用于创建可以重复使用的图形或动画，它无法被控制，而且所有在图形中的动画都将被主舞台中的时间轴所控制。
- **按钮元件**：按钮元件用于创建动画中的各类按钮，对应鼠标的滑过、单击等操作。该元件的时间轴中包含"弹起"、"指针经过"、"按下"和"点击"4 个帧，分别用于定义与各种按钮状态相关联的图形或影片剪辑。
- **影片剪辑元件**：影片剪辑元件用于创建动画片段，等同于一个独立的 Flash 文件，其时间轴不受主舞台中时间轴的限制。而且，它可以包含 ActionScript 脚本代码，可以呈现出更为丰富的动画效果。影片剪辑是 Flash 中最重要的元件。

2．实例

将元件移至舞台中，就成为一个实例。实例就是元件的"复制品"，一个元件可以产生无数个实例，这些实例可以是相同的，也可以通过编辑得到其他丰富多彩的对象。

二、认识库

单击"窗口"|"库"命令或直接按【Ctrl+L】组合键，即可打开"库"面板，如图 6-1 所示。"库"面板的上方是标题栏，其下侧是滚动条，拖动滚动条可以查看库中内容的详细信息，如使用次数、修改日期和类型等。选择库中的某个对象，还可以对其进行预览。

下面将对"库"面板中各个按钮的功能进行详细介绍。

- ▤：单击该功能按钮，将弹出菜单选项，这些菜单命令可用于对库进行各种操作，如图 6-2 所示。

图 6-1　"库"面板

图 6-2　打开面板菜单

➤ ：单击该按钮，将新建一个"库"面板，其内容与当前文档库中的内容相同。

➤ 📌：单击该按钮后变为 🖐 形状，此时切换到别的文件，"库"面板不会发生变化。

➤ 189 个项目：显示库中包含对象的数量。

➤ 片头.fla ▼：当同时打开多个文件时，在该下拉列表框中可以选择
要使用的库。

➤ 🔲：用于创建新的元件，单击该按钮，将弹出"创建新元件"对话框。

➤ 📁：单击该按钮，可以在"库"面板中新建一个文件夹，用于对库中的元件和素
材进行管理。

➤ ❶：当在库中选择了一个元件或素材时，单击该按钮，将弹出对应的属性对话框，
从中可以重新设置其属性。

➤ 🗑：单击该按钮，可以删除所选择的元件、素材或文件夹。

任务二　创建与编辑元件

任务概述

在 Flash CS6 中，可以通过新建元件或转换元件的方法创建元件。可以对已创建的元
件进行编辑与重置，使其成为新元件。下面将详细介绍元件的创建与编辑方法。

任务重点与实施

一、创建元件的多种方法

下面将以创建图形元件为例，介绍创建元件的多种方法。

1. 将舞台上的图形转换为元件

Step 01 选中舞台上的图形，单击"修改"|"转换为元件"命令或按【F8】键，如图 6-3 所示。

Step 02 弹出"转换为元件"对话框，选择元件类型为"图形"，输入名称，单击"确定"
按钮，如图 6-4 所示。

图 6-3　选择"转换为元件"命令

图 6-4　设置图形元件参数

Step 03 此时即可将图形转换为元件，选中舞台上的图形，在"属性"面板中可以看到其
为元件"钟表"的"实例"，如图 6-5 所示。

Step 04 打开"库"面板，查看转换的图形元件，如图 6-6 所示。

图 6-5　查看实例属性　　　　　　　　　　图 6-6　查看图形元件

2. 创建空的元件并添加内容

创建空的元件并添加内容的具体操作方法如下：

Step 01 单击"插入"|"新建元件"命令或按【Ctrl+F8】组合键，如图 6-7 所示。

Step 02 弹出"创建新元件"对话框，输入元件名称，选择"图形"类型，单击"确定"
按钮，如图 6-8 所示。

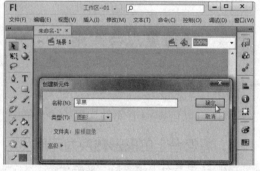

图 6-7　选择"新建元件"命令　　　　　　图 6-8　设置图形元件参数

Step 03 进入元件编辑状态，导入图像到舞台中，如图 6-9 所示。

Step 04 打开"库"面板，查看创建的图形元件，如图 6-10 所示。

图 6-9　导入图像　　　　　　　　　　　　图 6-10　查看图形元件

3. 使用"库"面板重制元件

使用"库"面板重制元件的具体操作方法如下：

Step 01 打开"库"面板，右击元件，在弹出的快捷菜单中选择"直接复制"命令，如图 6-11 所示。

Step 02 弹出"直接复制元件"对话框，输入元件名称，选择类型，单击"确定"按钮，即可重制元件，如图 6-12 所示。

图 6-11　选择"直接复制"命令

图 6-12　设置元件参数

二、创建影片剪辑元件

下面通过实例来介绍如何创建影片剪辑元件，具体操作方法如下：

Step 01 打开素材文件"影片剪辑.fla"，按【Ctrl+F8】组合键，弹出"创建新元件"对话框。输入元件名称，选择"影片剪辑"类型，单击"确定"按钮，如图 6-13 所示。

Step 02 进入元件编辑状态，按【Ctrl+Shift+Alt+R】组合键显示标尺，根据需要创建辅助线，如图 6-14 所示。

图 6-13　创建影片剪辑元件

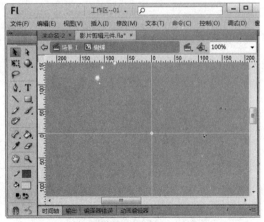

图 6-14　创建辅助线

Step 03 打开"库"面板，将位图 image 01 拖至舞台，并与辅助线对齐，如图 6-15 所示。

Step 04 打开"时间轴"面板，选择第 2 帧，按【F7】键插入空白关键帧，如图 6-16 所示。

图 6-15　将位图拖至舞台

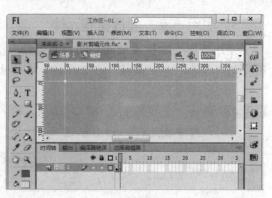

图 6-16　插入空白关键帧

Step 05 将 image 02 位图从"库"面板中拖至舞台，并与辅助线对齐，如图 6-17 所示。

Step 06 用同样的方法继续插入空白关键帧，并在各帧上添加位图图像，单击"场景"超链接返回场景，如图 6-18 所示。

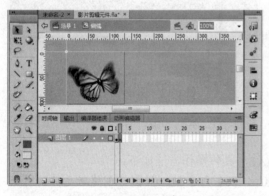

图 6-17　将位图拖至舞台

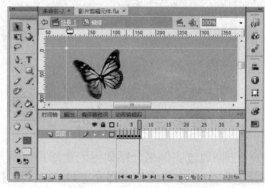

图 6-18　继续插入帧和图像

Step 07 打开"库"面板，将影片剪辑元件"蝴蝶"拖至舞台中，如图 6-19 所示。

Step 08 按【Ctrl+Enter】组合键测试动画，效果如图 6-20 所示。

图 6-19　拖动元件到舞台中

图 6-20　测试动画

　　用户还可以根据需要将舞台上的动画转换为影片剪辑元件，方法为：选中舞台上动画的每一帧，然后复制这些帧，并创建影片剪辑元件，选择元件的第一帧，单击"编辑"|"时间轴"|"粘贴帧"命令即可。

三、创建按钮元件

在按钮元件编辑模式的"时间轴"面板中共有 4 个帧，分别用于设置按钮的 4 种状态。其中：

➢ **弹起**：用于设置按钮的一般状态，即鼠标指针位于按钮之外的状态。

➢ **指针经过**：用于设置按钮在鼠标指针从按钮上滑过时的状态。

➢ **按下**：用于设置按钮被按下时的状态。

➢ **点击**：在该帧中可以指定某个范围内单击时会对按钮产生的影响，即用于设置按钮的相应区域。可以不设置，也可以绘制一个图形来表示范围。

下面将介绍如何创建按钮元件，具体操作方法如下：

Step 01　打开素材文件"按钮元件.fla"，按【Ctrl+F8】组合键，弹出"创建新元件"对话框。输入元件名称，选择"按钮"类型，单击"确定"按钮，如图 6-21 所示。

Step 02　进入按钮元件编辑状态，打开"时间轴"面板，可以看到"弹起"、"指针经过"、"按下"和"点击"四个帧，如图 6-22 所示。

图 6-21　创建按钮元件　　　　　　　　图 6-22　按钮元件编辑状态

Step 03　选择"弹起"帧，打开"库"面板，将 sad 元件拖至舞台中，如图 6-23 所示。

Step 04　选中图形，按【Ctrl+T】组合键，打开"变形"面板。设置图形缩放 50%，然后将图形与按钮元件的注册点对齐（注册点即元件内的坐标原点，也就是舞台中的十字点），如图 6-24 所示。

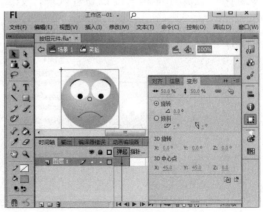

图 6-23　在"弹起"帧添加图形　　　　　图 6-24　缩放图形

Step 05 选择第"指针经过"帧，按【F7】键插入空白关键帧，然后将 smail 元件拖至舞台中，并与元件的注册点对齐，如图 6-25 所示。

Step 06 在"按下"帧中按【F7】键插入空白关键帧，然后将 laugh 元件拖至舞台中，并与元件的注册点对齐，如图 6-26 所示。

图 6-25 在"指针经过"帧添加图形　　　　图 6-26 在"按下"帧添加图形

Step 07 在"点击"帧中按【F7】键插入空白关键帧，然后使用椭圆工具绘制一个与笑脸图形等大的圆形，单击"场景 1"超链接返回场景，如图 6-27 所示。

Step 08 打开"库"面板，将按钮元件"笑脸"拖至舞台中，如图 6-28 所示。

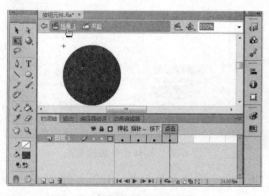 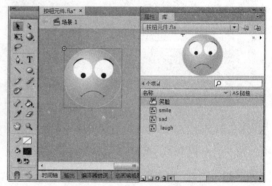

图 6-27 在"弹起"帧绘制图形　　　　图 6-28 将按钮元件拖至舞台

Step 09 单击"控制"|"启用简单按钮"命令，如图 6-29 所示。

Step 10 在舞台中单击按钮查看效果，如图 6-30 所示。

图 6-29 启用简单按钮　　　　图 6-30 预览按钮效果

四、编辑元件

在创建元件后，可以根据需要对元件进行编辑。在舞台中双击元件，可在当前位置编辑元件，如图 6-31 所示。在"库"面板中双击元件，可进入元件的编辑模式，如图 6-32 所示。此外，还可以在舞台中右击实例，在弹出的快捷菜单中选择"编辑"或"在当前位置编辑"命令。

图 6-31　在当前位置编辑元件　　　　图 6-32　进入元件编辑模式

五、更改元件属性

在创建元件后，还可以根据需要更改其类型，如将影片剪辑元件更改为图形元件，具体操作方法如下：

Step 01　在"库"面板中选中元件，单击面板下方的"属性"按钮，或者双击元件的图标，如图 6-33 所示。

Step 02　弹出"元件属性"对话框，单击"类型"下拉按钮，从中选择要更改的类型，单击"确定"按钮即可，如图 6-34 所示。

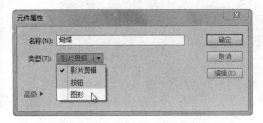

图 6-33　单击"属性"按钮　　　　图 6-34　选择元件类型

任务三　创建与编辑实例

任务概述

在创建元件后，可以在文档的任何地方创建该元件的实例。用户可以对实例进行色彩、效果等设置，不会对元件造成影响。而一旦修改元件，则会更新该元件的所有实例。

任务重点与实施

一、创建实例

元件仅存在于"库"面板中，当将库中的元件拖入舞台后，它便成为一个实例。拖动一次便产生一个实例，拖动两次则可以产生两个实例。创建实例的具体操作方法如下：

Step 01　打开素材文件"蝴蝶 2.fla"，打开"库"面板，将蝴蝶元件 Sprite 6 拖至舞台中，即可创建一个实例，如图 6-35 所示。

Step 02　用同样的方法创建多个实例，并分别调整各个实例的大小和位置，如图 6-36 所示。

图 6-35　创建元件实例

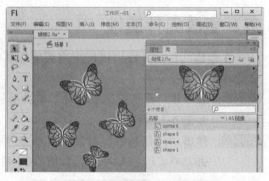

图 6-36　创建多个实例并调整

Step 03　在"库"面板中双击 Sprite 6 元件，进入其编辑状态，将蝴蝶的身体修改为黑色，如图 6-37 所示。

Step 04　返回场景，即可看到该元件生成的所有蝴蝶实例身体均变为黑色，如图 6-38 所示。

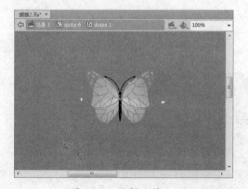

图 6-37　编辑元件

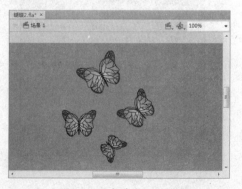

图 6-38　查看实例效果

二、编辑实例

1. 设置实例的色彩效果

用户可以通过"属性"面板来设置实例的色彩效果，利用这种特性可以制作实例不同效果的色彩渐变动画。选中舞台中的图形实例，在"属性"面板的"色彩效果"选项组中可以选择所需的色彩样式，如图 6-39 所示。

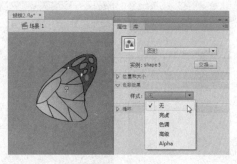

图 6-39　选择色彩样式

➢ **亮度**：调节图像的相对亮度或暗度，度量范围是从黑（-100%，如图 6-40 所示）到白（100%，如图 6-41 所示）。

图 6-40　最小亮度

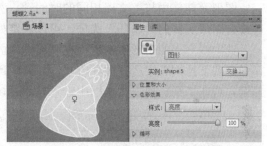

图 6-41　最大亮度

➢ **色调**：用相同的色相为实例着色。色调百分比表示从透明（0%）到完全饱和，如图 6-42 所示。若要选择颜色，可在各自的框中输入红、绿和蓝色的值，或者单击"颜色"控件，然后从调色板中选择一种颜色，如图 6-43 所示。

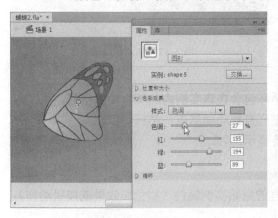

图 6-42　调整色调

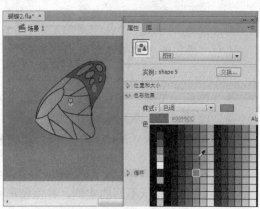

图 6-43　选择颜色

> **高级**：分别调节实例的红色、绿色、蓝色和透明度值，如图 6-44 所示。对于在位图对象上创建和制作具有微妙色彩效果的动画，此选项非常有用。左侧的控件使用户可以按指定的百分比降低颜色或透明度的值，右侧的控件使用户可以按常数值降低或增大颜色或透明度的值。

> **Alpha**：调节实例的不透明度，调节范围是从透明（0%）到完全不透明（100%），如图 6-45 所示。

图 6-44　高级色调调整

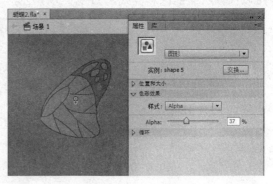

图 6-45　调整不透明度

2. 设置图形实例的循环

图形元件使用与主文档相同的时间轴，所以在文档编辑模式下将显示它们的动画。通过设置图形实例的"循环"选项，可以决定如何播放图形实例内的动画序列。

选中舞台上的图形实例后，在"属性"面板的"循环"组中单击"选项"下拉按钮，在弹出的下拉列表中选择循环方式，如图 6-46 所示。若要指定循环时首先显示的图形元件的帧，可在"第一帧"文本框中输入帧编号，如图 6-47 所示。

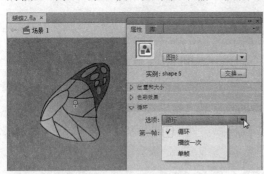

图 6-46　选择循环方式

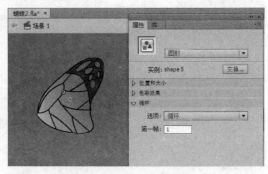

图 6-47　输入帧编号

三种循环方式的含义分别如下：

> **循环**：按照当前实例占用的帧数来循环包含在该实例内的所有动画序列。

> **播放一次**：从指定帧开始播放动画序列直到动画结束，然后停止。

> **单帧**：显示动画序列的一帧，指定要显示的帧。

3. 交换实例

要在舞台上显示不同的实例，并保留所有的原始实例属性（如色彩效果或按钮动作），可以使用交换实例来实现，具体操作方法如下：

Step 01 选中舞台上的实例，在"属性"面板中单击"交换"按钮，如图 6-48 所示。

Step 02 弹出"交换元件"对话框，选择要交换的元件，然后单击"确定"按钮，如图 6-49 所示。

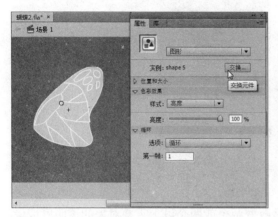

图 6-48 单击"交换"按钮

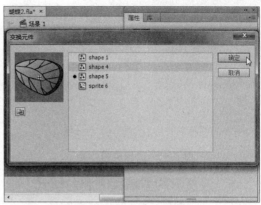

图 6-49 选择交换元件

Step 03 此时，即可完成实例的替换操作，新实例保留了原实例的色彩效果，如图 6-50 所示。

Step 04 若要替换元件的所有实例，可以从一个"库"面板（如打开外部库）中将与待替换元件同名的元件拖至正在编辑的 FLA 文件的"库"面板中，然后选中"替换现有项目"单选按钮，单击"确定"按钮，如图 6-51 所示。如果库中包含文件夹，则必须将新元件拖至与所替换的元件相同的文件夹中。

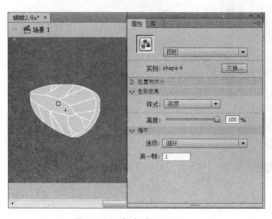

图 6-50 完成实例交换

图 6-51 替换元件

4. 更改实例类型

用户可以根据需要重新定义实例的类型，例如，若要为图形实例添加滤镜效果，需要将其更改为影片剪辑实例，具体操作方法如下：

Step 01 选中舞台中的图形实例，在"属性"面板中单击"实例行为"下拉按钮，在弹出的下拉列表中选择"影片剪辑"类型，如图 6-52 所示。

Step 02 此时，即可将图形实例更改为影片剪辑实例，在其"属性"面板中可以看到增加了多组属性参数，如图 6-53 所示。

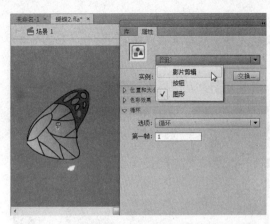

图 6-52　选择实例行为　　　　　　　　　　　图 6-53　查看实例属性参数

5．设置影片剪辑实例混合模式

使用混合模式可以创建复合图像。复合是改变两个或两个以上重叠对象的透明度或者颜色相互关系的过程。用户可将"混合"属性应用到影片剪辑实例中，从而创造独特的效果。混合模式不仅取决于要应用混合的对象的颜色，还取决于基础颜色。

选中影片剪辑实例后，在"属性"面板中展开"显示"选项组，如图 6-54 所示。单击"混合"下拉按钮，在弹出的下拉列表中选择所需的模式，如图 6-55 所示。

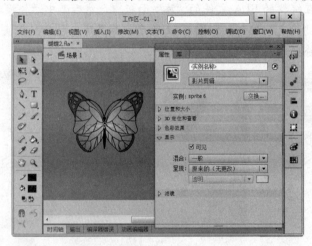

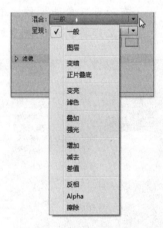

图 6-54　展开"显示"选项组　　　　　　　　图 6-55　选择混合模式

各混合模式的含义如下：

- ➢ **一般**：正常应用颜色，不与基准颜色发生交互。
- ➢ **图层**：可以层叠各个影片剪辑，而不影响其颜色。
- ➢ **变暗**：只替换比混合颜色亮的区域，比混合颜色暗的区域将保持不变。
- ➢ **正片叠底**：将基准颜色与混合颜色复合，从而产生较暗的颜色。
- ➢ **变亮**：只替换比混合颜色暗的区域，比混合颜色亮的区域将保持不变。
- ➢ **滤色**：将混合颜色的反色与基准颜色复合，从而产生漂白效果。
- ➢ **叠加**：复合或过滤颜色，具体操作需取决于基准颜色。
- ➢ **强光**：复合或过滤颜色，具体操作需取决于混合模式颜色。该效果类似于用点光源照射对象。

- ➢ **增加**：通常用于在两个图像之间创建动画的变亮分解效果。
- ➢ **减去**：通常用于在两个图像之间创建动画的变暗分解效果。
- ➢ **差值**：从基色减去混合色或从混合色减去基色，具体取决于哪一种的亮度值较大。该效果类似于彩色底片。
- ➢ **反相**：反转基准颜色。
- ➢ **Alpha**：应用 Alpha 遮罩层。
- ➢ **擦除**：删除所有基准颜色像素，包括背景图像中的基准颜色像素。

需要注意的是，"擦除"和 Alpha 混合模式要求将"图层"混合模式应用于父级影片剪辑。

6. 为影片剪辑实例添加滤镜效果

使用滤镜可以为文本、按钮和影片剪辑增添丰富的视觉效果，还可以通过补间动画使滤镜动起来。下面将介绍如何对影片剪辑实例添加滤镜效果，具体操作方法如下：

Step 01 在舞台上选中影片剪辑实例，在"属性"面板中展开"滤镜"选项组，单击"添加"按钮，在弹出的列表中选择"发光"滤镜，如图 6-56 所示。

Step 02 根据需要对"发光"滤镜的各项参数进行设置，如图 6-57 所示。

图 6-56　选择"发光"滤镜　　　　图 6-57　设置"发光"滤镜参数

需要注意的是，应用于对象的滤镜类型、数量和质量会影响 SWF 文件的播放性能。应用于对象的滤镜越多，Adobe Flash Player 要正确显示创建的视觉效果所需的处理量也就越大。建议对一个给定对象只应用有限数量的滤镜。

任务四　　"库"面板的使用

 **任务概述**

库是 Flash 中所有可重复使用对象的存储"仓库"，所有的元件一经创建就会保存在库中，导入的外部资源也会保存在库中。本任务将介绍如何使用"库"面板。

TASK 任务重点与实施

一、选择库对象

- ➤ **选择单个库对象**：若要选择单个库中的单个对象，只需在相应的对象上单击鼠标左键即可，如图 6-58 所示。
- ➤ **选择库中多个连续的对象**：若要选择库中多个连续的对象，其方法为：先单击要选择的第一个对象，然后在按住【Shift】键的同时单击要选择的最后一个对象，如图 6-59 所示。

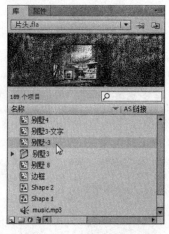

图 6-58　选择单个库对象

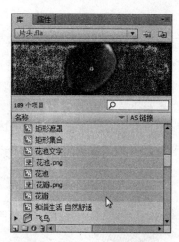

图 6-59　选择多个连续的库对象

- ➤ **选择库中多个不连续的对象**：若要选择库中多个不连续的对象，其方法为：按住【Ctrl】键的同时，依次单击要选择的对象，如图 6-60 所示。
- ➤ **选择未使用的对象**：若要选择未使用的对象，即选择在文件中没有使用过的对象，其方法为：单击"库"面板中的功能按钮，然后在弹出的下拉菜单中选择"选择未用项目"命令（如图 6-61 所示），即可将"库"面板中所有未曾使用过的对象全部选中。

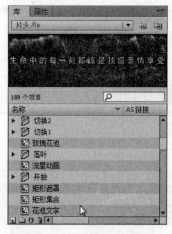

图 6-60　选择多个不连续的库对象

图 6-61　选择未用项目

二、排序库中的对象

在"库"面板中单击任意一列的标题，就会按照该列的属性进行排序，如单击"修改日期"标题，就会按上一次修改时间的先后顺序进行排序，如图 6-62 所示。单击"类型"标题，就会将库中相同类型的对象排在一起，如图 6-63 所示。

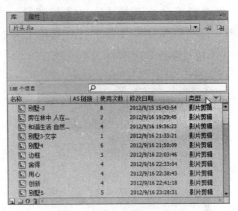

图 6-62　按"修改时间"排列　　　　　　　　　图 6-63　按"类型"排列

三、重命名库中的对象

方法 1：双击名称进行重命名

双击库中对象的名称，则该对象的名称就会处于可编辑状态，重新输入名称即可。

方法 2：通过快捷键进行重命名

选中库对象后，按【F2】键即可进入对象的名称编辑状态，输入新名称即可。

方法 3：通过快捷菜单重命名

在要重命名的对象上右击，在弹出的快捷菜单中选择"重命名"命令，如图 6-64 所示。

方法 4：通过面板菜单重命名

选中库对象后，打开面板菜单，从中选择"重命名"命令，如图 6-65 所示。

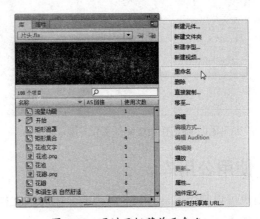

图 6-64　通过快捷菜单重命名　　　　　　图 6-65　通过面板菜单重命名

四、组织库中的对象

使用"库"面板中的文件夹可以对库中的对象进行有效的组织，具体操作方法如下：

Step 01 单击"库"面板下方的"新建文件夹"按钮，这时便会在库中建立一个名为"未命名文件夹 1"的新文件夹，同时该文件夹的名称处于可编辑状态。输入新文件夹的名称，并按【Enter】键确认，如图 6-66 所示。

Step 02 将要放入库文件夹中的对象拖至目标文件夹的图标及名称上，如图 6-67 所示。

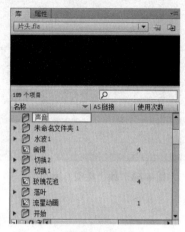

图 6-66　新建库文件夹

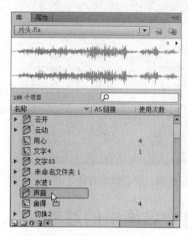

图 6-67　将元件拖至文件夹

Step 03 此时，即可将所选对象移至库文件夹中，如图 6-68 所示。

Step 04 如果不方便通过拖动的方法移动库对象，还可以右击该对象，在弹出的快捷菜单中选择"移至"命令。此时，将弹出"移至文件夹"对话框，选中"现有文件夹"单选按钮，然后选择目标文件夹，单击"选择"按钮即可，如图 6-69 所示。

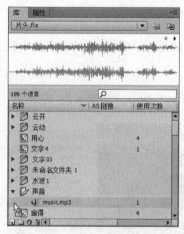

图 6-68　将元件移至文件夹

图 6-69　"移至文件夹"对话框

五、使用公用库

用户可以使用 Flash CS6 附带的公用库项文档添加按钮或声音，打开公用库的具体操作方法如下：

Step 01 单击"窗口"|"公用库"|Buttons 命令，如图 6-70 所示。

Step 02 此时，即可打开按钮公用库，展开文件夹，选择一个按钮元件预览效果，如图 6-71 所示。

图 6-70 选择 Buttons 命令

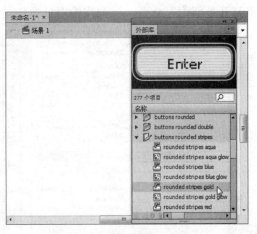

图 6-71 打开按钮公用库

> **专家指导**
> Expert
> guidance
> ➡
>
> 对于打开的 Flash 文件，可以共享库资源。在"库"面板中单击文件下拉按钮，在弹出的列表中选择要使用的库文件即可。单击"新建库面板"按钮，还可以再创建一个库面板，以方便选择其他文件的库资源。

项目小结

通过本项目的学习，读者应重点掌握以下知识：

（1）Flash 主要包括三种类型的元件：图形、影片剪辑和按钮。

（2）元件拥有独立的编辑舞台，可以从中制作图像或动画。

（3）实例是元件在舞台上的一个副本。实例可以与它的元件在颜色、大小和功能上有差别。编辑元件会更新它的所有实例，但对元件的一个实例应用效果则只更新该实例。

（4）根据需要更改现有元件和实例的类型。

（5）"库"面板中包含已添加到文档的所有组件，可以打开任意 Flash 文档的库。

项目习题

（1）创建自己的公用库。

根据需要创建自己的公用库，方法为：创建一个包含所需元件素材的 Flash 文件，然后将其放到指定目录下（需要显示隐藏文件才能找到目录），单击"窗口"|"公用库"命令，在其子菜单中即可看到自定义的公用库，如图 6-72 所示。

➢ **Windows 7**：系统的指定目录路径为：C:\Users\用户名\Local Settings\Application Data\Adobe\Flash CS6\zh_CN\Configuration\Libraries。

➢ **Windows XP** 系统的指定目录路径为：C:\Documents and Settings\用户名\Local

Settings\Application Data\Adobe\Flash CS5\zh_CN\Configuration\Libraries\。

（2）打开外部库。

在不打开 Flash 文档的情况下使用该文档中的资源，方法为：单击"文件"|"导入"|"打开外部库"命令，在弹出的对话框中选择 Flash 文档即可，如图 6-73 所示

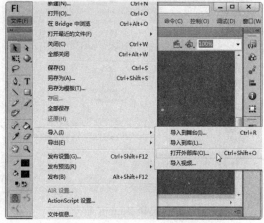

图 6-72　自定义公用库　　　　　　　　　　图 6-73　选择"打开外部库"命令

项目七 Flash 基本动画的制作

项目概述

　　在"时间轴"面板中通过对帧的顺序播放来实现各帧中实例的变化，从而产生动画效果。Flash 基本动画主要包括逐帧动画、传统补间动画、补间形状动画和补间动画等五个类型，它们是制作复杂的 Flash 动画的基础。在本项目中，将详细介绍如何操作"时间轴"面板，以及 Flash 基本动画的制作方法。

项目重点

- 了解时间轴中帧的类型。
- 熟练掌握帧的基本操作。
- 掌握逐帧动画的特点和制作方法。
- 掌握传统补间动画的特点和制作方法。
- 掌握补间形状动画的特点和制作方法。
- 掌握补间动画的特点和制作方法。

项目目标

- 深刻理解逐帧动画、传统补间动画、补间形状动画和补间动画的原理。
- 能够熟练地在"时间轴"面板中制作 Flash 基本动画。

任务一　绘制工具的使用

任务概述

　　在 Flash 中，动画的内容是通过"时间轴"面板来组织的，"时间轴"面板将动画在横向上划分为帧，在纵向上划分为图层。通过拖动时间轴中的播放头，可以对动画内容进行预览。本任务中将介绍时间轴和帧的相关知识。

任务重点与实施

一、"时间轴"面板基本操作

1. 播放头

"时间轴"面板中的播放头用于控制舞台上显示的内容。舞台上只能显示播放头所在帧中的内容，如图 7-1 和图 7-2 所示，其中显示了动画的第 1 帧和第 4 帧中的内容。

图 7-1　第 1 帧内容　　　　　　　　图 7-2　第 4 帧内容

2. 移动播放头

使用鼠标指针直接拖动播放头，即可将其移动，如图 7-3 所示。在"时间轴"面板的标尺或帧上单击鼠标左键，也可以改变播放头的位置，如图 7-4 所示。

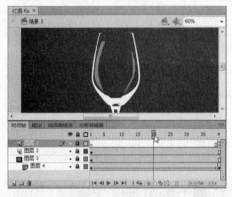

图 7-3　拖动播放头　　　　　　　　图 7-4　定位播放头

3. 改变帧的显示方式

默认情况下，"时间轴"面板中的帧是以"标准"方式显示的，用户可以根据实际需要将帧改为其他显示方式。单击"时间轴"面板右上方的控制按钮▤，在弹出的下拉菜单中显示了 5 种帧的显示宽度，分别为"很小"、"小"、"标准"、"中"和"大"，如图 7-5 所示。

图 7-5　选择帧的显示方式

另外，还有两种预览的显示方式。当选择"预览"命令时，则"时间轴"面板中的帧将以缩略图的方式显示舞台上的内容，如图 7-6 所示；当选择"关联预览"命令时，"时间轴"面板中的帧将显示完整的舞台，而且舞台上各元素的缩略图与舞台保持原比例和相对位置关系，如图 7-7 所示。

图 7-6　帧的"预览"显示

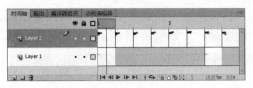

图 7-7　帧的"关联预览"显示

帧的高度只有"默认"和"较短"两种显示方式，如图 7-8 和图 7-9 所示。单击"时间轴"面板右侧的控制按钮，在弹出的下拉菜单中选择"较短"命令，则可将帧的高度设置为较短方式。

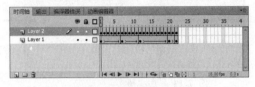

图 7-8　默认帧高度

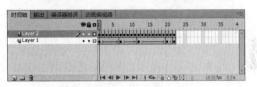

图 7-9　"较短"帧高度

默认情况下，"时间轴"面板中的帧是以彩色显示的，即不同类型的帧显示为不同的颜色。也可以取消帧的颜色，方法为：单击"时间轴"面板右侧的控制按钮，在弹出的下拉菜单中取消勾选"彩色显示帧"命令，即可取消帧的颜色，如图 7-10 所示。当再次勾选该命令后，又可将不同类型的帧显示为不同的颜色。

图 7-10　取消"彩色显示帧"

二、帧和关键帧

电影是通过一张张胶片连续播放而形成的，Flash 动画中的帧就像电影中的胶片一样，通过连续播放而实现动画效果。"帧"是 Flash 动画中的基本单位。

"时间轴"面板中的每一个小方格代表一个帧，一个帧包含了动画某一时刻的画面。图 7-11 中列出了几种帧的常见形式，下面将进行具体介绍。

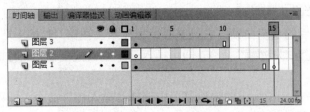

图 7-11　认识帧

1．关键帧

关键帧是时间轴中内容发生变化的一帧。默认情况下，每个图层的第一帧是关键帧。关键帧可以是空的，当新建一个文档后，"图层 1"的第一帧就是一个空白关键帧（如图 7-12 所示），以一个空心的小圆圈显示。

当在舞台中添加内容后，空白关键帧就会变为一个关键帧。关键帧以一个实心的黑色小圆圈显示，如图 7-13 所示。

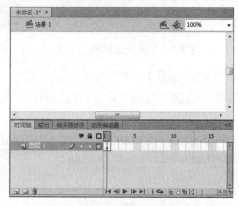

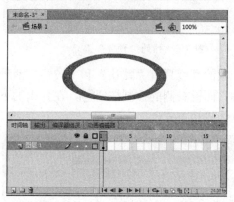

图 7-12　空白关键帧　　　　　　　　图 7-13　关键帧

2．普通帧

普通帧是依赖于关键帧的，在没有设置动画的前提下，普通帧与上一个关键帧中的内容相同，在一个动画中增加一些普通帧可以延长动画的播放时间。例如，在第 10 帧上右击，在弹出的快捷菜单中选择"插入帧"命令（如图 7-14 所示），即可从上一个关键帧开始插入多个普通帧，如图 7-15 所示。普通帧以实心单元格进行显示。

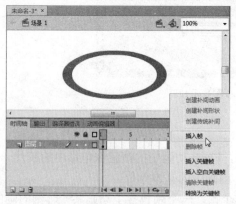

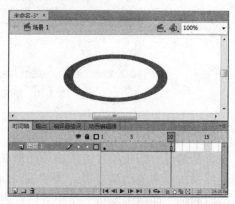

图 7-14　选择"插入帧"命令　　　　　图 7-15　插入普通帧

3．空白帧与空白关键帧

跟在普通帧之后的是空白帧，它以空心矩形显示。在第 11 帧上右击，在弹出的快捷菜单中选择"插入空白关键帧"命令，即可插入一个空白关键帧，此时舞台上将没有内容，如图 7-16 所示。

在第 15 帧上右击，在弹出的快捷菜单中选择"插入帧"命令，即可从第 11 帧开始插入多个空白帧，如图 7-17 所示。

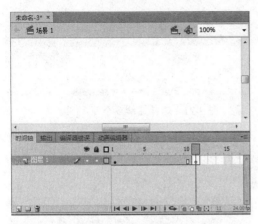

图 7-16　插入空白关键帧

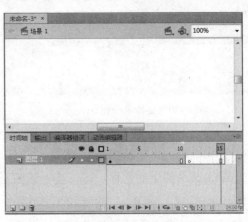

图 7-17　插入多个空白帧

4. 帧序列

帧序列是指某个图层中一个关键帧和直到下一个关键帧之间跟随它的普通帧（不包括下一个关键帧）。帧序列可以作为一个实体进行选择（双击即可选择帧序列，如图 7-18 所示），便于对其进行复制和移动。

单击第 11 到第 15 帧之间的任意一帧，然后在舞台中绘制一个图形，此时第 11 帧自动变为关键帧，从第 11 帧到第 15 帧就是一个帧序列，如图 7-19 所示。

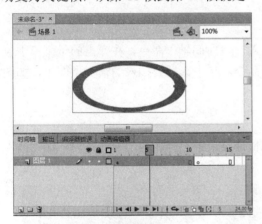

图 7-18　选择帧序列

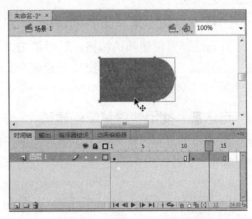

图 7-19　查看帧序列

三、帧的基本操作

要想创作出一个精彩的动画，必须要学会灵活地编辑帧，它是动画制作过程中的一个重要环节。

1. 选择帧

在对帧进行操作前，首先要选择帧。在 Flash 中可以选择单个帧，也可以同时选择多个帧。在时间轴上单击要选择的帧，即可将其选中并以黑色显示，如图 7-20 所示。

要选择连续的多个帧，可先选择第一个帧，然后在按住【Shift】键的同时单击需要选择的最后一帧，即可将这两帧及其之间的帧全部选中，如图 7-21 所示。还可以在要选择的帧上按住鼠标左键，然后向左或向右拖动鼠标来选择连续的多个帧。

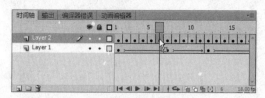

图 7-20　选择单个帧

图 7-21　选择连续多个帧

要选择不连续的多个帧，只需先选择第一个帧，然后在按住【Ctrl】键的同时单击其他要选择的帧即可，如图 7-22 所示。

单击某个图层的名称，即可选中该图层中的所有帧，如图 7-23 所示。

图 7-22　选择不连续多个帧

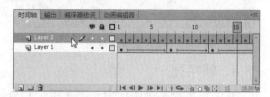

图 7-23　选择图层所有帧

2．创建帧

在创建 Flash 动画时，首先要创建帧。无论是关键帧，还是普通帧，其创建方法类似，通常有以下两种创建方法：

方法一：使用菜单命令创建帧

首先选择要创建帧的帧格，然后单击"插入"|"时间轴"命令，在弹出的子菜单中包含了"帧"、"关键帧"和"空白关键帧"3 个命令，从中选择要插入的帧类型即可，如图 7-24 所示。

方法二：使用快捷菜单创建帧

在要创建帧的帧格上右击，然后在弹出的快捷菜单中选择相应的命令即可，如"插入关键帧"，如图 7-25 所示。

图 7-24　使用菜单命令创建帧

图 7-25　使用快捷菜单创建帧

3．移动帧

在制作动画时，常常需要将帧移动到不同的位置，其方法为：在选择的帧上按住鼠标左键并拖动，拖至目标位置后松开鼠标左键，即可对选择的帧在时间轴上进行移动，如图7-26所示。在移动后，原来的普通帧有可能会变为关键帧，如图7-27所示。

图 7-26　移动帧

图 7-27　查看移动帧效果

移动关键帧，可以改变帧序列的时间跨度。如图7-28所示的关键帧，将其向右移动，效果如图7-29所示。

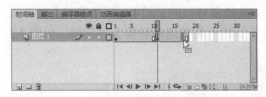
图 7-28　移动关键帧

图 7-29　查看移动关键帧效果

另外，也可以通过"剪切帧"和"粘贴帧"命令移动帧，具体操作方法为：

Step 01 选择要移动的帧并右击，在弹出的快捷菜单中选择"剪切帧"命令，如图7-30所示。

Step 02 在目标位置的帧上右击，在弹出的快捷菜单中选择"粘贴帧"命令即可，如图7-31所示。

图 7-30　选择"剪切帧"命令

图 7-31　选择"粘贴帧"命令

4. 复制帧

复制帧的的具体操作方法如下：

Step 01 选择要复制的帧并右击，在弹出的快捷菜单中选择"复制帧"命令，如图7-32所示。

Step 02 在要粘贴帧的位置右击，在弹出的快捷菜单中选择"粘贴帧"命令即可，如图7-33所示。

图 7-32　选择"复制帧"命令

图 7-33　选择"粘贴帧"命令

5. 关键帧和普通帧的相互转换

在关键帧上右击，然后在弹出的快捷菜单中选择"清除关键帧"命令，即可将关键帧转换为普通帧，如图 7-34 所示。

图 7-34　转换为普通帧

也可以将普通帧转换为关键帧，其方法为：选择要转换的普通帧，然后在其上面右击，在弹出的快捷菜单中选择"转换为关键帧"命令，即可将普通帧转换为关键帧，如图 7-35 所示。

图 7-35　转换为关键帧

6. 删除帧

在制作动画时，若创建的帧不符合要求或不再需要时，可以将其删除。方法为：选择要删除的帧，然后在其上面右击，在弹出的快捷菜单中选择"删除帧"命令即可，如图 7-36 所示。

图 7-36　删除帧

7. 清除帧

当不再需要某个帧中的内容时，可以将其清除。方法为：在选择的帧上右击，然后在弹出的快捷菜单中选择"清除帧"命令，即可清除选择的帧中的内容，如图 7-37 所示。

图 7-37　清除帧

8. 翻转帧

将帧翻转后，可以制作出将选择的多个帧的播放顺序进行颠倒的效果，以做出特殊的效果。操作方法为：在选择的帧上右击，在弹出的快捷菜单中选择"翻转帧"命令，如图7-38所示。此时，即可将帧的播放顺序进行颠倒，如图7-39所示。

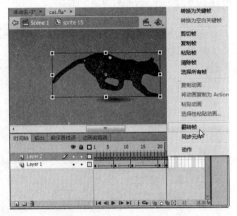
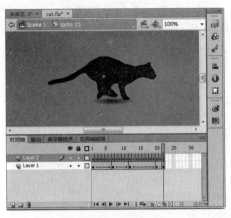

图 7-38　选择"翻转帧"命令　　　　　图 7-39　查看翻转帧效果

9. 设置帧频

帧频即帧的频率，表示播放动画时每秒钟播放的帧数，单位为fps。默认的帧频为12fps，在"时间轴"面板的下方可以进行查看和更改，如图7-40所示。还可以通过在"属性"面板设置文档的"帧频"属性，如图7-41所示。

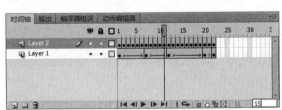

图 7-40　在"时间轴"面板中设置帧频　　　图 7-41　在"属性"面板中设置帧频

10. 创建帧标签和帧注释

在 Flash 中区分不同的关键帧有两种方法：一种方法是查看帧序号，即查看"时间轴"面板上方的标尺。另外，在"时间轴"面板下方的状态栏中也显示了相应帧的序号。当移动关键帧时，帧序号就会发生相应的变化。

另一种区分关键帧的方法就是使用帧标签，即给帧设置一个标志性的名字。它的好处是当移动关键帧时，帧标签不会发生改变，可以使用 Action 脚本语言对关键帧进行调用。

创建帧标签的方法为：首先选择要添加标签的关键帧，然后打开"属性"面板，在帧"标签"下的"名称"文本框中输入名称，如图7-42所示。

帧注释就像电影剧本中使用的注释一样，用于对电影的内容作出解释，以使电影编辑人员更好地把握电影的流程。为动画添加帧注释，可以使电影流程变得清晰、明了，而且注释内容并不包含在发布后的电影文件中，所以可以使用任意长度的注释，而不必担心文件的体积。

添加帧注释的方法为：选择要添加标签的关键帧，然后打开"属性"面板，在帧"标签"下的"名称"文本框中输入"//"，再输入注释内容即可，如图 7-43 所示。

图 7-42　创建帧标签

图 7-43　创建帧注释

四、洋葱皮工具

通常在 Flash 工作区中只能看到一帧的画面，如果使用洋葱皮工具，就可以同时显示或编辑多个帧的内容。洋葱皮工具位于"时间轴"面板的下方。

在 Flash CS6 中，共有四种洋葱皮工具：绘图纸外观、绘图纸外观轮廓、编辑多个帧、和修改标记。下面将分别介绍它们的使用方法。

> 　绘图纸外观：单击"绘图纸外观"按钮 ，时间轴上将出现洋葱皮的起始点和终止点，位于洋葱皮之间的帧在场景中呈现出不同的透明度，当前帧完全显示出来，如图 7-44 所示。拖动起始点或终止点，可以改变洋葱皮的范围。

> 绘图纸外观轮廓：单击"绘图纸外观轮廓"按钮 ，则只显示相应帧中的轮廓线，如图 7-45 所示。

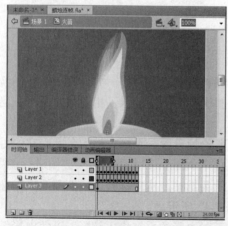

图 7-44　绘图纸外观

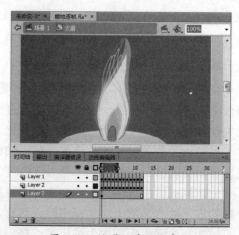

图 7-45　绘图纸外观轮廓

> **编辑多个帧**：单击"编辑多个帧"按钮 ，可以对洋葱皮区域中的关键帧进行编辑，如改变对象的大小、位置和颜色等，如图 7-46 所示。
> **修改标记**：单击"修改标记"按钮 ，将弹出一个下拉菜单，从中选择所需的选项，如图 7-47 所示。

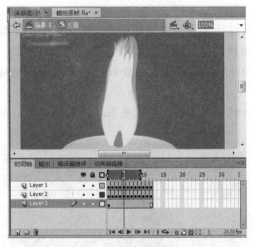

图 7-46　编辑多个帧

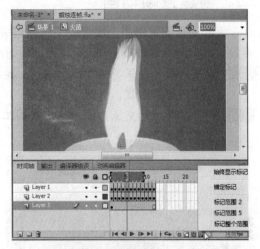

图 7-47　修改纸标记

在"修改标记"下拉菜单中，各选项的含义如下：

> **始终显示标记**：选择该命令后，无论是否启用了洋葱皮功能，在时间轴上总是会显示出洋葱皮的标志。
> **锚定标记**：选择该命令后，会将洋葱皮标志锁定在当前的位置上，使其不再受当前选择帧的影响。
> **标记范围 2**：选择该命令后，将显示当前帧前后 2 帧中的内容。
> **标记范围 5**：选择该命令后，将显示当前帧前后 5 帧中的内容。
> **标记整个范围**：选择该选项后，将显示时间轴中所有帧的内容。

任务二　制作逐帧动画

任务概述

　　逐帧动画是 Flash 中相对比较简单的基本动画，其通常由多个连续的帧组成，通过连续表现关键帧中的对象，从而产生动画效果。在本任务中，将介绍逐帧动画的制作方法与技巧。

任务重点与实施

一、认识逐帧动画

　　逐帧动画与传统的动画片类似，每一帧中的图形都是通过手工绘制出来的。在逐帧动画中的每一帧都是关键帧，在每个关键帧中创建不同的内容，当连续播放关键帧中的图形时即可形成动画。逐帧动画制作起来比较麻烦，但它可以制作出所需要的任何动画。逐帧动画适合于制作每一帧中的图像内容都发生变化的复杂动画。

二、创建逐帧动画

逐帧动画通常由多个连续的关键帧组成，通过连续表现关键帧中的对象，从而产生动画效果。下面以制作模拟钟表动画为例，介绍如何创建逐帧动画，具体操作方法如下：

Step 01 新建文档并保存为"时钟.fla"，按【Ctrl+Alt+Shift+R】组合键显示标尺，拖动标尺创建辅助线，如图 7-48 所示。

Step 02 以辅助线的交点为圆心，用椭圆工具绘制一个圆形，并设置形状的笔触样式，如图 7-49 所示。

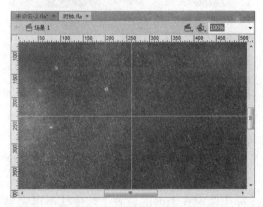
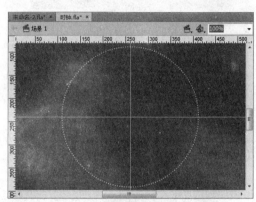

图 7-48　创建辅助线　　　　　　　　　　图 7-49　绘制圆形

Step 03 使用线条工具在圆内绘制一条刻度线，如图 7-50 所示。

Step 04 使用任意变形工具设置刻度线的中心点位于线条上方的顶点，按【Ctrl+T】组合键打开"变形"面板，设置旋转角度为 30°。连续单击"重制选区和变形"按钮 ，如图 7-51 所示。

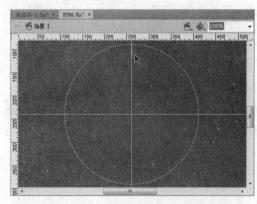
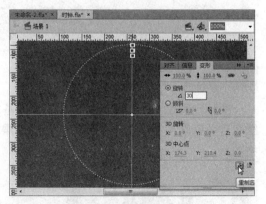

图 7-50　绘制刻度线　　　　　　　　　　图 7-51　设置旋转复制变形

Step 05 此时，即可复制出多条刻度线，如图 7-52 所示。

Step 06 打开"时间轴"面板，在"图层 1"的第 60 帧处按【F5】键插入普通帧，然后新建图层，并重命名为"指针"，如图 7-53 所示。

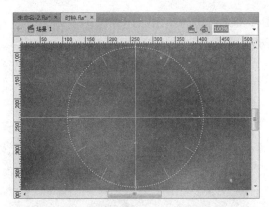

图 7-52　查看旋转复制变形效果

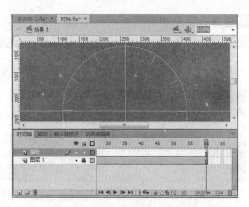

图 7-53　新建图层

Step 07　使用线条工具和椭圆工具绘制指针图形，如图 7-54 所示。

Step 08　选中绘制的指针图形，按【F8】键将其转换为图形元件，如图 7-55 所示。

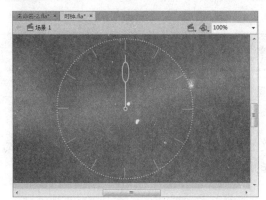

图 7-54　绘制指针图形

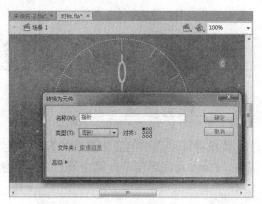

图 7-55　转换为图形元件

Step 09　使用任意变形工具将指针图形的中心点移至圆心位置，在第 5 帧处按【F6】键插入关键帧。按【Ctrl+T】组合键，打开"变形"面板，设置旋转角度为 30°，如图 7-56 所示。

Step 10　用相同的方法，在第 10、15、20、25……60 帧处分别插入关键帧，并分别设置旋转角度为 60°、90°、120°、150°……360°，如图 7-57 所示。

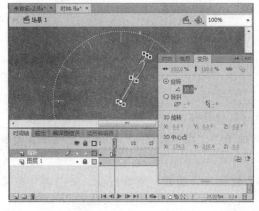

图 7-56　旋转实例

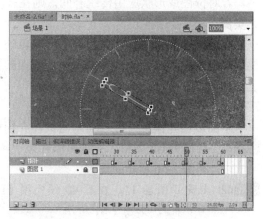

图 7-57　插入关键字并旋转实例

Step **11** 使用颜料桶工具为"图层1"中的图形填充所需的颜色，如图7-58所示。

Step **12** 按【Ctrl+Enter】组合键，测试逐帧动画效果，如图7-59所示。

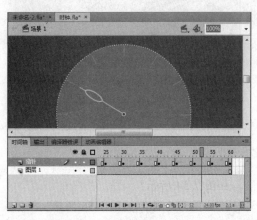

图 7-58 为图形填充颜色

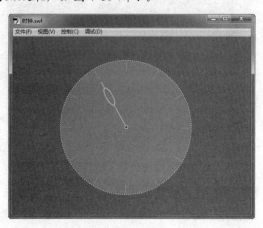

图 7-59 测试动画效果

任务三 制作传统补间动画

任务概述

传统补间动画中的变化是在关键帧中定义的，通过插入关键帧并改变关键帧中实例的属性，Flash 程序将自动计算中间过渡帧实例的属性并进行显示。

任务重点与实施

一、认识传统补间动画

传统补间动画只能应用于实例，它是表示实例属性变化的一种动画。在一个关键帧中定义一个实例的位置、大小和旋转等属性，然后在另一个关键帧中更改这些属性并创建动画。若对位图或形状应用传统补间，则在补间动画的开始帧和结束帧中的对象将自动转换为实例。

在传统补间中，只有关键帧是可编辑的。可以查看补间帧，但无法直接编辑它们。若要编辑补间帧，可修改一个关键帧，或在起始和结束关键帧之间插入一个新的关键帧。

二、创建传统补间动画

下面以创建模拟碰撞球动画为例，介绍如何创建传统补间动画，具体操作方法如下：

Step **01** 新建 Flash 文档，并将其保存为"碰撞球.fla"。在"图层1"中使用直线工具绘制如图7-60所示的图形。

Step **02** 锁定"图层1"，在第40帧处按【F5】键插入普通帧。新建图层，并将其重命名为"祝"，如图7-61所示。

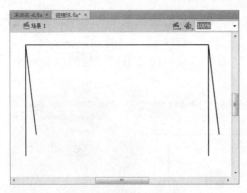

图 7-60　绘制图形

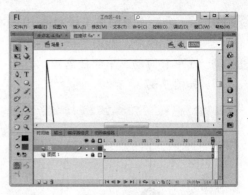

图 7-61　新建图层

Step 03　使用线条工具、椭圆工具和文本工具制作如图 7-62 所示的图形，并将其转换为图形元件。

Step 04　打开"库"面板，将"祝"元件复制一个并将其重命名为"福"，然后修改该元件的颜色和文字，如图 7-63 所示。

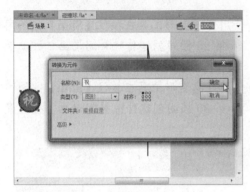

图 7-62　创建图形元件

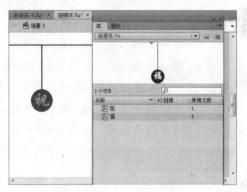

图 7-63　复制并编辑元件

Step 05　新建图层，并将其重命名为"福"。将"福"元件拖至舞台并调整位置，如图 7-64 所示。

Step 06　根据需要将两个实例的中心点设置为线条的顶点，在"祝"和"福"图层的第 10 帧处分别插入关键帧，然后选择"祝"图层的第 1 帧，使用任意变形工具在按住【Shift】键的同时旋转实例，使之呈 45° 角，如图 7-65 所示。

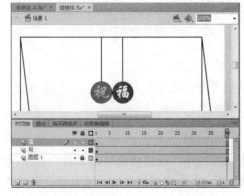

图 7-64　创建元件实例并调整位置

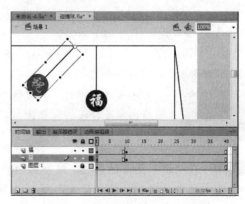

图 7-65　插入关键帧并旋转实例

Step 07 在"祝"图层的第 1 帧和第 10 帧之间右击，在弹出的快捷菜单中选择"创建传统补间"命令，如图 7-66 所示。

Step 08 选中补间动画中的任意帧，打开"属性"面板，从中设置补间"缓动"为-100，如图 7-67 所示。

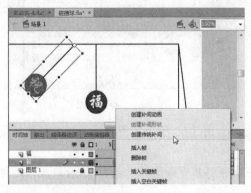

图 7-66 创建传统补间动画

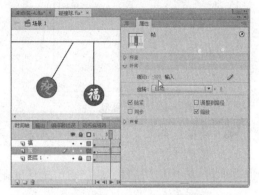

图 7-67 设置补间缓动

Step 09 在"福"图层的第 20 帧处插入关键帧，使用任意变形工具在按住【Shift】键的同时旋转实例，使之呈45°角。在第 10 帧和第 20 帧间创建传统补间动画，并设置"缓动"为100，如图 7-68 所示。

Step 10 在"福"图层的第 30 帧处插入关键帧，使用任意变形工具在按住【Shift】键的同时旋转实例，使之呈90°角。在第 20 帧和第 30 帧间创建传统补间动画，并设置"缓动"为-100，如图 7-69 所示。

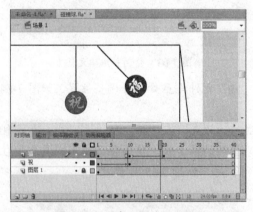

图 7-68 创建传统补间动画

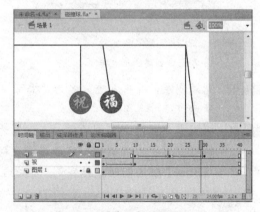

图 7-69 创建传统补间动画

专家指导
Expert guidance

在旋转实例时，应确保中心点的位置是在直线与支架的交点处，否则动画将出现不合理的现象，如实例的悬挂点来回移动。

Step 11 在"祝"图层的第 30 帧和第 40 帧处插入关键帧，使用任意变形工具旋转第 40 帧中的实例，使之呈45°角。在第 30 帧和第 40 帧间创建传统补间动画，并设置"缓动"为100，如图 7-70 所示。

Step 12 按【Ctrl+Enter】组合键，测试逐帧动画效果，如图 7-71 所示。

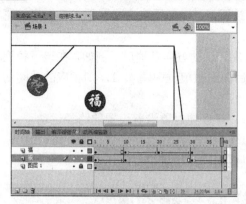

图 7-70 创建传统补间动画

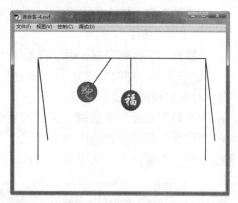

图 7-71 测试动画效果

三、设置补间属性

当创建了一个补间动画后，可以在"属性"面板对动画的效果进行调整，如图 7-72 所示。其中，各项参数的含义如下：

> **"缓动"数值框：**用于调整在补间动画中两个关键帧之间变化速度。默认情况下是进行匀速变化的，即数值为 0。若要实现变化由慢到快的效果，可以输入-1~-100 之间的数值；若要实现变化由快到慢的效果，则可以输入 1~100 之间的数值。

> **"编辑"按钮** ：单击该按钮，将弹出"自定义缓入/缓出"对话框，如图 7-73 所示。曲线图形表示随时间推移动画变化程度，其中水平轴表示帧，垂直轴表示变化的百分比。在该对话框中各项参数的含义如下：

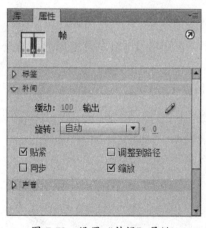

图 7-72 设置"补间"属性

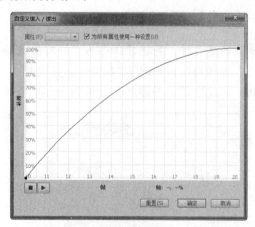

图 7-73 "自定义缓入/缓出"对话框

> **节点：**在直线或曲线上单击鼠标左键，可以为其添加一个节点。拖动节点可以改变线的曲率，以精确地调整动画的变化程度。

> **"为所有属性使用一种设置"复选框：**选中该复选框，表示将显示的曲线应用于补间的所有属性。若取消选择该复选框，将激活"属性"下拉列表框，在该下拉列表框中包括"位置"、"旋转"、"缩放"、"颜色"和"滤镜"5 个选项，分别用于设置相应属性的缓入与缓出

> ➤ **"重置"按钮**：单击该按钮，可以将曲线恢复到默认状态。
> ➤ **"播放"和"停止"按钮**：单击这两个按钮，可以使用自定义的缓入与缓出预览舞台上的动画。
> ➤ **"旋转"下拉列表框**：用于设置物体的旋转运动方向及速度。例如，在该下拉列表框中选择"逆时针"选项，然后在其后面的数值框中输入 1，则相应的补间动画对象将逆时针旋转一圈。
> ➤ **"调整到路径"复选框**：选中该复选框，可以使对象沿着设置的路径运动。
> ➤ **"贴紧"复选框**：选中该复选框，可以使对象沿路径运动时自动捕捉路径。
> ➤ **"同步"复选框**：选中该复选框，可以使动画在场景中首尾连接连续地播放。

任务四　制作补间形状动画

 任务概述

　　补间形状动画只能用于矢量形状，在时间轴中的一个关键帧绘制一个矢量形状，然后在另一个关键帧更改该形状或绘制另一个形状。Flash 将内插中间的帧的中间形状，创建一个形状变形为另一个形状的动画。也可以对补间形状内的形状的位置和颜色进行补间。补间形状动画适用于简单的形状，在本任务中将介绍如何创建补间形状动画。

 任务重点与实施

一、创建补间形状动画

Step 01 新建文件，并将其保存为"补间形状动画"。在"图层 1"中使用矩形工具绘制立方体形状，如图 7-74 所示。

Step 02 新建图层，并绘制立方体的内部线条，如图 7-75 所示。

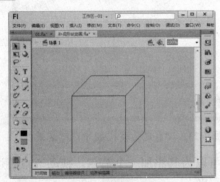
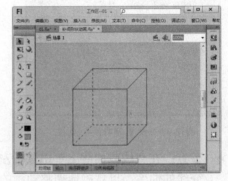

图 7-74　绘制立方体　　　　　　　　　图 7-75　绘制内部线条

Step 03 锁定两个形状图层，新建一个图层并将其移至底层，在各图层的第 100 帧处插入普通帧，如图 7-76 所示。

Step 04 使用矩形工具在"图层 3"中绘制矩形形状并填充颜色，如图 7-77 所示。

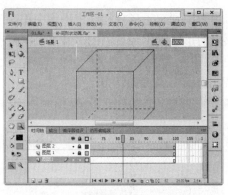

图 7-76　新建图层并插入帧

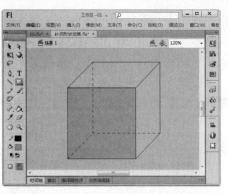

图 7-77　绘制矩形形状

Step 05　使用选择工具将矩形调整为如图 7-78 所示的形状。

Step 06　在第 20 帧处插入关键帧，使用选择工具调整形状，如图 7-79 所示。

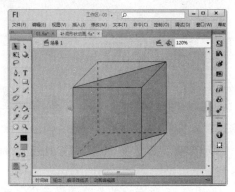

图 7-78　调整矩形形状

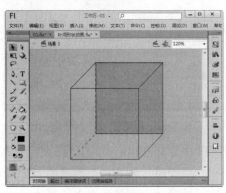

图 7-79　插入关键帧并调整形状

Step 07　在第 1 帧和第 20 帧两个关键帧间右击，在弹出的快捷菜单中选择"创建补间形状"
命令，如图 7-80 所示。

Step 08　拖动播放头查看动画效果，可以看到形状随着立方体的轨道发生变化，如图 7-81
所示。

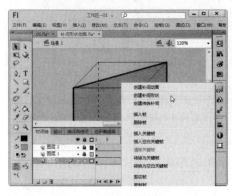

图 7-80　创建补间形状

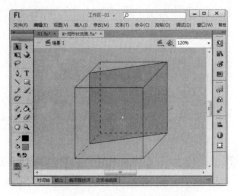

图 7-81　预览补间形状动画

二、使用形状提示

要控制补间形状的变化，可以使用形状提示。形状提示会标识起始形状和结束形状中的相对应的点。形状提示包含从 a 到 z 的字母，用于识别起始形状和结束形状中相对应的点，最多可以使用 26 个形状提示。起始关键帧中的形状提示是黄色的，结束关键帧中的形状提示是绿色的，当不在一条曲线上时为红色。

下面继上一节进行操作，介绍形状提示的使用方法，具体操作方法如下：

Step 01 在第 40 帧处插入关键帧，并使用选择工具调整形状，然后在第 20 帧和第 40 帧之间创建补间形状动画，如图 7-82 所示。

Step 02 拖动播放头预览动画效果，可以看到形状发生变化，但并未按照立方体的轨道运动，如图 7-83 所示。

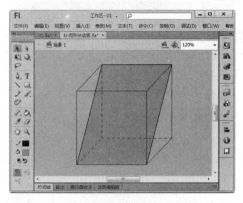

图 7-82　创建补间形状动画

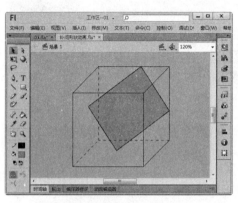

图 7-83　预览动画效果

Step 03 选中第 20 帧，单击"修改"|"形状"|"添加形状提示"命令或按【Ctrl+Shift+H】组合键，添加一个形状提示，如图 7-84 所示。

Step 04 将提示点 a 放在左上角顶点偏右的位置，如图 7-85 所示。若要隐藏提示点，可按【Ctrl+Alt+H】组合键。

图 7-84　选择"添加形状提示"命令

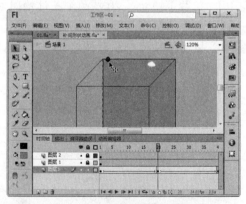

图 7-85　调整形状提示位置

Step 05 按三次【Ctrl+Shift+H】组合键，增加三个新的形状提示，并分别调整其位置，如图 7-86 所示。

Step 06 选中第 40 帧，可以看到四个形状提示点集中在形状的中心位置，根据需要分别调整形状提示点至合适的位置，如图 7-87 所示。也可以分别设置形状提示：添加一个提示后，在变形帧处调整该提示所对应的位置，拖动播放头测试动画，然后添加第二个提示。

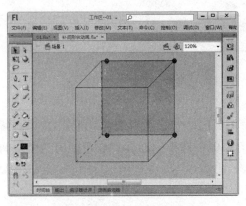

图 7-86　添加形状提示

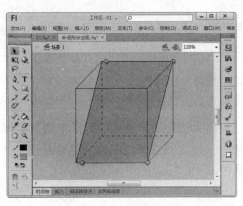

图 7-87　调整形状提示位置

Step 07　拖动播放头，查看动画效果，可以看到形状补间按立方体的轨道发生变化，如图 7-88 所示。

Step 08　用相同的方法在第 60 帧插入关键帧，并将形状调整为如图 7-89 所示的图形，然后在两个关键帧之间创建补间形状。

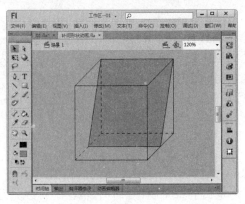

图 7-88　预览动画

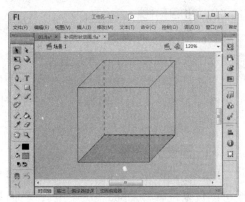

图 7-89　创建补间形状

Step 09　用同样的方法在第 80 帧处插入关键帧并调整形状，然后将形状的填充颜色修改为粉色，如图 7-90 所示。

Step 10　在第 60 帧和第 80 帧两个关键帧间创建补间动画，拖动播放头查看动画效果，可以看到随着形状的上升，颜色也逐渐发生变化，如图 7-91 所示。

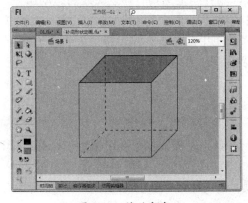

图 7-90　修改颜色

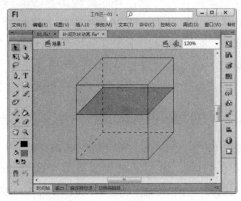

图 7-91　预览动画

任务五　制作补间动画

任务概述

补间动画是通过为不同帧中的对象属性指定不同的值而创建的动画，Flash 程序计算这两个帧之间该属性的值。在本任务中，将学习如何创建补间动画，以及如何调整补间属性。

任务重点与实施

一、认识补间动画

关于补间动画，有必要先了解其中几个重要的概念：

1．补间范围

补间范围是时间轴中的一组帧，其中的某个对象具有一个或多个随时间变化的属性。补间范围在时间轴中显示为具有蓝色背景的单个图层中的一组帧。可将这些补间范围作为单个对象进行选择，并从时间轴中的一个位置拖到另一个位置，包括拖到另一个图层。在每个补间范围中，只能对舞台上的一个对象进行动画处理。此对象称为补间范围的目标对象。

2．属性关键帧

属性关键帧是在补间范围中为补间目标对象显式定义一个或多个属性值的帧。这些属性可能包括位置、Alpha（透明度）、色调等。用户定义的每个属性都有它自己的属性关键帧。如果在单个帧中设置了多个属性，则其中每个属性的属性关键帧会驻留在该帧中。可以在动画编辑器中查看补间范围的每个属性及其属性关键帧，还可以从补间范围快捷菜单中选择可在时间轴中显示的属性关键帧类型。

3．运动路径

如果补间对象在补间过程中更改其舞台位置，则补间范围具有与之关联的运动路径。此运动路径显示补间对象在舞台上移动时所经过的路径。可以使用选取、部分选取、转换锚点、删除锚点和任意变形等工具，以及"修改"菜单中的命令来编辑舞台上的运动路径。如果不是对位置进行补间，则舞台上不显示运动路径。还可以将现有路径应用为运动路径，方法是将该路径粘贴到时间轴中的补间范围上。

二、创建补间动画

Step 01　打开素材文件"补间动画.fla"，可以看到在舞台左侧放有一个图像实例。右击第 1 帧，在弹出的快捷菜单中选择"创建补间动画"命令，如图 7-92 所示。

Step 02　此时将自动出现补间范围，默认为 25 帧。将鼠标指针置于补间范围右侧，当其变为双向箭头时按住鼠标左键并向右拖动至 40 帧，如图 7-93 所示。

图 7-92 选择"创建补间动画"命令　　　　　图 7-93 增大补间范围

Step 03 将播放头移至第 25 帧，使用选择工具将实例移至舞台，此时即可出现一条运动路径，如图 7-94 所示。

Step 04 使用选择工具在运动路径上单击即可选择路径，按住鼠标左键并拖动即可移动运动路径的位置，如图 7-95 所示。

图 7-94 调整实例位置　　　　　　　　图 7-95 移动运动路径

Step 05 取消选择路径，将鼠标指针置于路径边缘，当其变为 形状时拖动鼠标更改路径的形状，如图 7-96 所示。

Step 06 拖动播放头，预览补间动画效果，如图 7-97 所示。

图 7-96 更改路径形状　　　　　　　　图 7-97 预览动画

三、补间动画与传统补间动画的差异

补间动画和传统补间动画之间的差异主要体现在以下几个方面：

（1）传统补间使用关键帧。关键帧是其中显现对象新实例的帧。补间动画只能具有一个与之关联的对象实例，并使用属性关键帧，而不是关键帧。

（2）补间动画在整个补间范围上由一个目标对象组成。

（3）补间动画和传统补动画间都只允许对特定类型的对象进行补间。若应用补间动画，在创建补间时会将一切不允许的对象类型转换为影片剪辑，而应用传统补间会将这些对象类型转换为图形元件。

（4）补间动画会将文本视为可补间的类型，而不会将文本对象转换为影片剪辑。传统补间动画会将文本对象转换为图形元件。

（5）在补间动画范围上不允许帧脚本，传统补间动画允许帧脚本。

（6）对于传统补间动画，缓动可应用于补间内关键帧之间的帧组。对于补间动画，缓动可应用于补间动画范围的整个长度。若仅对补间动画的特定帧应用缓动，则需要创建自定义缓动曲线。

（7）利用传统补间动画能够在两种不同的色彩效果（如色调和 Alpha）之间创建动画，补间动画能够对每个补间应用一种色彩效果。

（8）只有补间动画才能保存为动画预设。在补间动画范围中，必须按住【Ctrl】键单击选择帧。

（9）对于补间动画，无法交换元件或设置属性关键帧中显现的图形元件的帧数。应用了这些技术的动画要求使用传统补间动画。

（10）只能使用补间动画为 3D 对象创建动画效果，无法使用传统补间动画为 3D 对象创建动画效果。

也可以将现有路径作为运动路径进行应用，方法是将该路径粘贴到时间轴中的补间范围上。方法为：1.选择笔触，然后将其复制到剪贴板；2.在时间轴中选择补间范围；3.在补间范围保持选中的状态下，粘贴笔触。

四、使用动画编辑器调整补间

使用动画编辑器可以精确地控制补间动画的属性，使用户轻松地创建较复杂的补间动画，但它不能用在传统补间动画中。

1．认识动画编辑器

默认情况下，"动画编辑器"面板与"时间轴"面板位于同一个组中。若 Flash 程序窗口不显示"动画编辑器"面板，可单击"窗口"|"动画编辑器"命令，将其显示出来。

在"动画编辑器"面板中可以检查所有的补间动画属性及关键帧。另外，它提供了可以让补间动画变得更精确、更详细的工具。例如，它可以实现对每个关键帧参数（包括旋转、大小、缩放、位置和滤镜等）的完全单独控制，且可以以图形化方式控制动画缓动效果。如图 7-98 所示为"动画编辑器"面板。

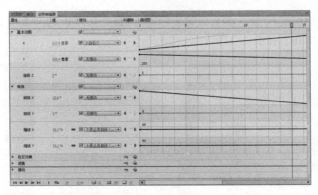

图 7-98　"动画编辑器"面板

用户可以使用动画编辑器执行以下操作：

（1）设置各属性关键帧的值。

（2）添加或删除各个属性的属性关键帧。

（3）将属性关键帧移至补间内的其他帧。

（4）将属性曲线从一个属性复制并粘贴到另一个属性。

（5）翻转各属性的关键帧。

（6）重置各属性或属性类别。

（7）使用贝赛尔控件对大多数单个属性补间曲线的形状进行微调。

（8）添加或删除滤镜或色彩效果，并调整其设置。

（9）向各个属性和属性类别添加不同的预设缓动。

（10）创建自定义缓动曲线。

（11）将自定义缓动添加到各个补间属性和属性组中。

2．动画编辑器的应用

Step 01　打开素材文件"补间动画.fla"，为舞台上的实例创建补间动画，并将补间范围延长至第 40 帧，如图 7-99 所示。

Step 02　打开"动画编辑器"面板，在面板下方调整"可查看的帧" 字段为 40，如图 7-100 所示。

图 7-99　创建补间动画

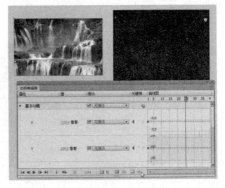

图 7-100　调整"可查看的帧"

Step 03　将播放头移至第 25 帧，使用选择工具拖动实例至舞台中，创建补间动画，如图 7-101 所示。

Step 04 展开“缓动”选项卡，单击“添加”按钮，在弹出的列表中选择“自定义”选项，如图 7-102 所示。

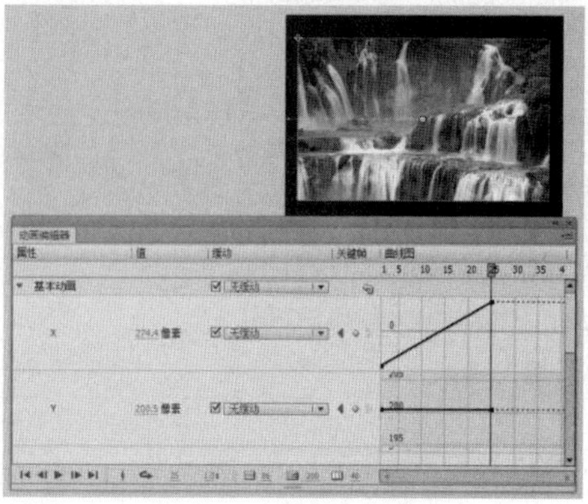

图 7-101　创建补间动画

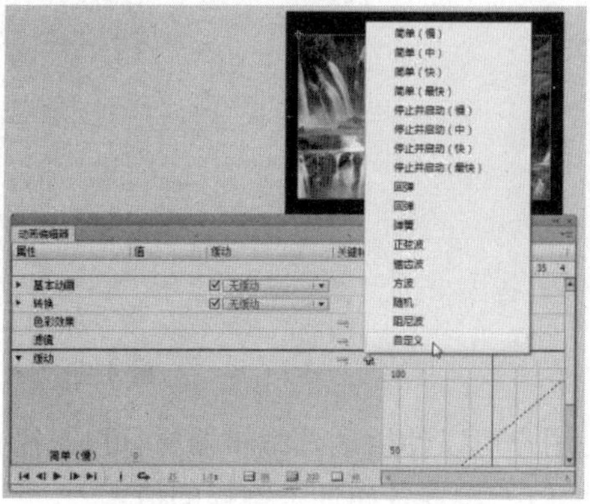

图 7-102　选择“自定义”选项

Step 05 将播放头拖至第 20 帧，单击按钮，添加关键帧，如图 7-103 所示。

Step 06 调整缓动的曲线，如图 7-104 所示。调整曲线的方法可参考部分选取工具和钢笔工具的用法。

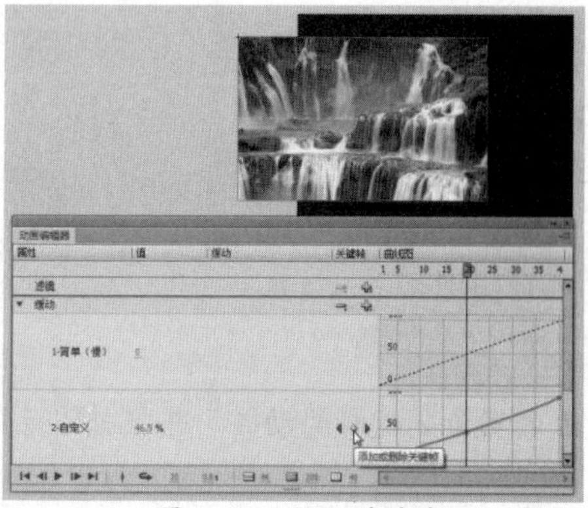

图 7-103　添加关键帧

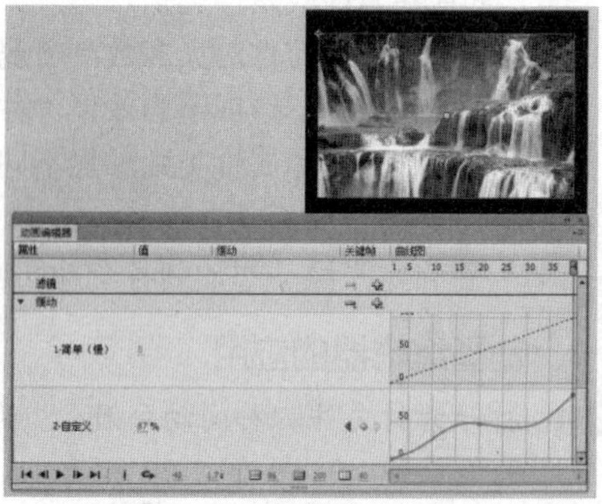

图 7-104　调整缓动曲线

Step 07 展开“基本动画”选项卡，选择 X 轴的缓动为“自定义”选项，如图 7-105 所示。

Step 08 展开“色彩效果”选项卡，单击“添加”按钮，选择 Alpha 选项，如图 7-106 所示。

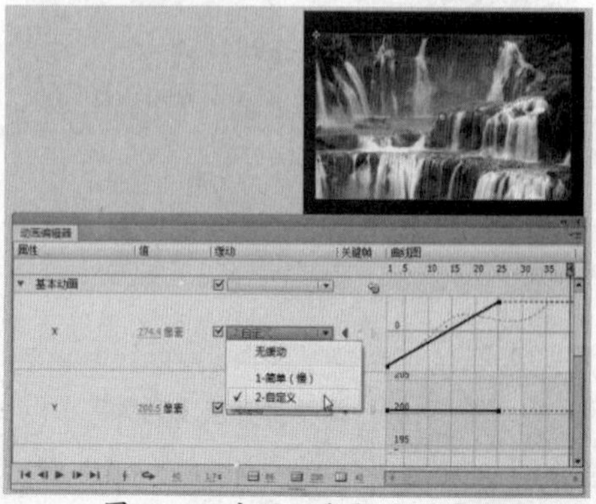

图 7-105 应用“自定义”缓动

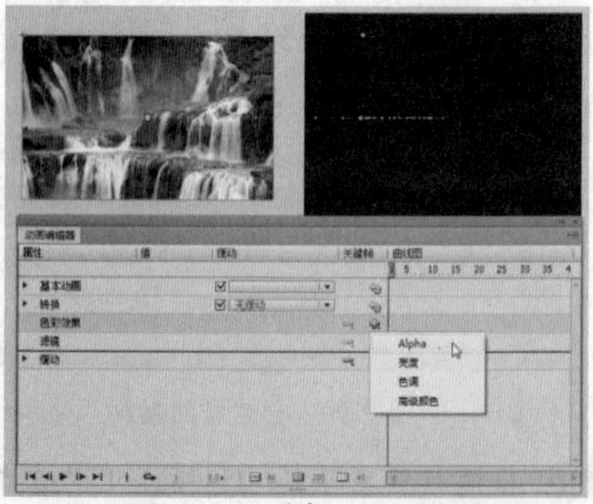

图 7-106　选择 Alpha 选项

Step 09 将播放头移至第 40 帧，设置 Alpha 的数量为 100%，即不透明，如图 7-107 所示。

Step 10 展开"缓动"选项卡，设置默认的"简单（慢）"缓动为 100，如图 7-108 所示。

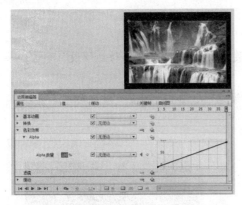

图 7-107 设置 Alpha 补间属性

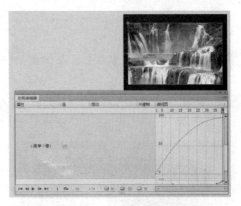

图 7-108　设置缓动参数

Step 11 在"色彩效果"选项卡下选择 Alpha 属性的缓动为"简单（慢）"，如图 7-109 所示。

Step 12 若要删除补间的某个属性，可单击 ￣ 按钮，然后在弹出的列表中选择该属性，如图 7-110 所示。

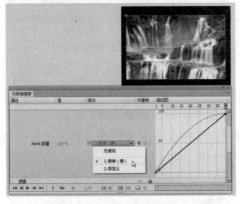

图 7-109　应用缓动

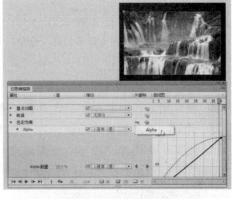

图 7-110　删除补间属性

专家指导
Expert
guidance
→

选择时间轴中的补间范围或者舞台上的补间对象或运动路径后，动画编辑器即会显示该补间的属性曲线。动画编辑器将在网格上显示属性曲线，该网格表示发生选定补间的时间轴的各个帧。

任务六　使用动画预设

任务概述

动画预设是 Flash 程序预配置的补间动画，可以将它们应用于舞台上的对象。使用预设可以极大地节省项目设计和开发的时间，特别是在经常使用相似类型的补间动画时特别有用。

任务重点与实施

一、保存动画预设

Step 01 选中补间动画并右击，在弹出的快捷菜单中选择"另存为动画预设"命令，如图 7-111 所示。

Step 02 弹出"将预设另存为"对话框，输入预设名称，单击"确定"按钮即可，如图 7-112 所示。

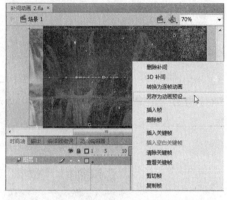

图 7-111 选择"另存为动画预设"命令

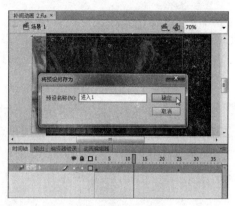

图 7-112 输入预设名称

二、应用动画预设

Step 01 新建图层，并将库中的元件拖至舞台，并选中实例，如图 7-113 所示。

Step 02 打开"动画预设"面板，在"自定义预设"文件夹中右击预设名称，在弹出的快捷菜单中选择"在当前位置结束"命令，如图 7-114 所示。

图 7-113 创建实例

图 7-114 选择"在当前位置结束"命令

Step 03 此时，即可将所选补间动画应用到实例，拖动播放头预览动画，如图 7-115 所示。

Step 04 选中实例，展开"默认预设"文件夹，右击要应用预设动画，在弹出的快捷菜单中选择"在当前位置结束"命令。若当前实例已经应用了动画，将弹出提示信息框，询问是否要替换当前动画对象，单击"是"按钮即可，如图 7-116 所示。

图 7-115　应用动画预设

图 7-116　替换当前动画

三、导入与导出预设

使用"动画预设"面板还可以导入和导出预设，这样就可以与协作人员共享预设。要导出预设，可右击动画预设，在弹出的快捷菜单中选择"导出"命令，如图 7-117 所示。要导入动画预设，可单击面板菜单按钮 ，在弹出的下拉列表中选择"导入"命令，如图 7-118 所示。

图 7-117　导出预设

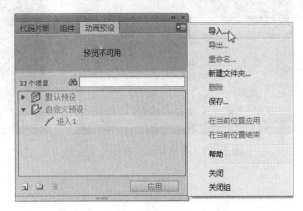

图 7-118　导入预设

项目小结

通过本项目的学习，读者应重点掌握以下知识：

（1）在时间轴中使用帧来组织和控制文档的内容，帧主要分为关键帧、空白关键帧、普通帧以及补间帧。

（2）要创建逐帧动画需定义多个关键帧，并在每个关键帧中创建不同的图像。

（3）补间是通过为一个帧中的对象属性指定一个值并为另一个帧中的该相同属性指定另一个值创建的动画，Flash 计算这两个帧之间该属性的值。

（4）传统补间动画通过关键帧中图形的变化形成动画，在传统补间动画中只有关键帧是可编辑的。

（5）补间形状只能用于矢量形状，比较适合简单的形状。若要为文本应用形状补间，需将文本分离为图形。

（6）补间动画是通过为不同帧中的对象属性指定不同的值而创建的动画。

（7）可以使用"动画编辑器"面板查看和更改所有补间属性及其属性关键帧。动画编辑器显示当前选定的补间的属性。

（8）可以将补间动画保存为动画预设。

项目习题

（1）使用传统补间动画制作"流星"动画，效果如图 7-118 所示。

（2）使用形状补间动画制作"炫动文字"动画，效果如图 7-119 所示。

操作提示：

①将文字分离为图形，然后分散到图层。

②创建圆点图形到文字的补间形状动画，将圆点聚集到一处。

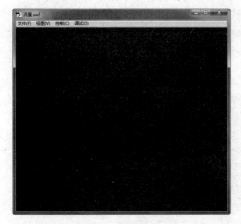

图 7-118　导出预设

图 7-119　导入预设

项目八　引导动画和遮罩动画的制作

项目概述

引导动画和遮罩动画在 Flash 动画设计中占据着非常重要的地位，一个 Flash 动画的创意层次主要体现在它们的制作过程中。在本项目中，将详细介绍引导动画和遮罩动画的制作方法。

项目重点

- 了解引导动画和遮罩动画的原理。
- 掌握引导动画制作方法。
- 掌握遮罩动画制作方法。

项目目标

- 能够灵活创建引导动画。
- 能够灵活创建遮罩动画。

任务一　引导动画的制作

任务概述

引导动画即为传统补间动画创建运动路径，用户可使用钢笔、铅笔、线条、圆形、矩形或刷子等工具绘制所需的路径，然后将补间对象贴紧到路径上，使其沿路径运动。在本任务中，将学习引导动画的制作方法。

任务重点与实施

一、认识引导动画

引导动画是指被引导对象沿着指定的路径进行运动的动画。引导动画是由引导层和被引导层组成的。引导层中用于绘制对象运动的路径，被引导层中放置运动的对象。在一个运动引导层下可以建立一个或多个被引导层。

在绘制引导线时，应注意以下事项：

（1）引导线不能出现中断；

（2）引导线不能出现交叉和重叠；

（3）引导线的转折不能过多或过急；

（4）被引导对象对引导线的吸附一定要准确。

二、创建"花瓣"飘落动画

Step 01 打开素材文件"引导动画.fla"，打开"库"面板，查看其中包含的项目，如图 8-1 所示。

Step 02 在"花池"图层的第 110 帧处插入普通帧，然后新建图层并重命名为"花瓣"。将"花瓣"元件从"库"面板中拖至场景中，并将其置于舞台之外，如图 8-2 所示。

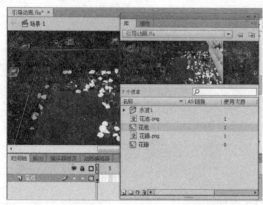

图 8-1　打开"库"面板

图 8-2　创建"花瓣"实例

Step 03 新建图层并将其重命名为"路径"，使用铅笔工具绘制路径，如图 8-3 所示。

Step 04 右击"路径"图层，在弹出的快捷菜单中选择"引导层"命令，如图 8-4 所示。

图 8-3　绘制路径

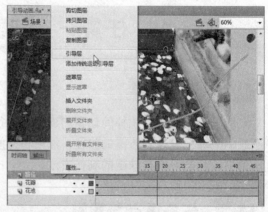

图 8-4　选择"引导层"命令

Step 05 将"花瓣"图层拖入引导层中，在第 85 帧处按【F6】键插入关键帧，如图 8-5 所示。

Step 06 选择"花瓣"图层的第 1 帧中的实例，并将其拖至线条的起点，如图 8-6 所示。用同样的方法，将第 85 帧的实例拖至线条的终点。

图 8-5　创建被引导层

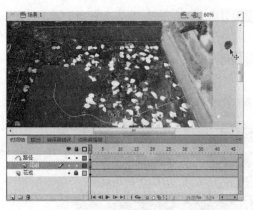

图 8-6　将实例紧贴路径

Step 07　在"花瓣"图层的两个关键帧之间右击，在弹出的快捷菜单中选择"创建传统补间"命令，如图 8-7 所示。

Step 08　拖动播放头可以看到花瓣沿路径进行运动，但显得不够自然，如图 8-8 所示。

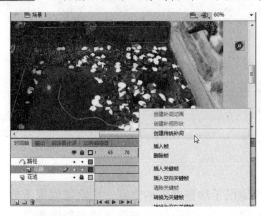

图 8-7　选择"创建传统补间"命令

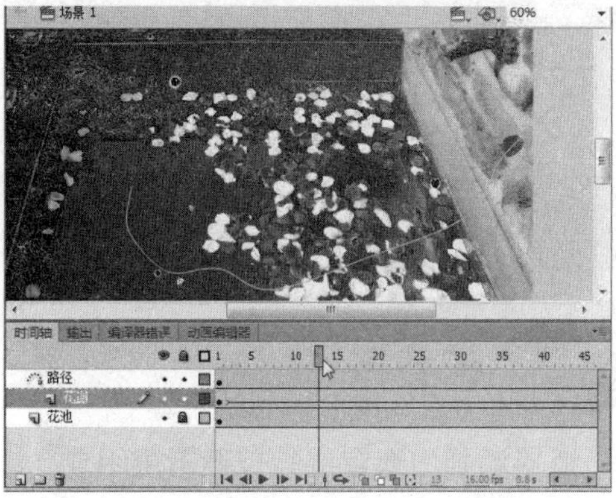

图 8-8　预览动画

Step 09　在"花瓣"图层的第 14 帧处插入关键帧，然后使用任意变形工具选中花瓣，如图 8-9 所示。

Step 10　用同样的方法在路径中需要转弯的地方插入关键帧，使用任意变形工具调整花瓣实例的方向，并根据需要设置必要的补间缓动，如图 8-10 所示。

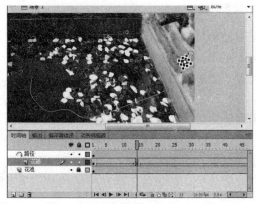

图 8-9　插入关键帧并调整实例

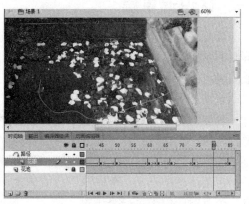

图 8-10　调整实例方向

Step 11 在"花池"图层上新建"水波"图层，在第 85 帧处按【F6】键插入关键帧，然后将"库"面板中的"水波动画"元件拖至舞台中合适的位置，如图 8-11 所示。

Step 12 新建图层并将其重命名为"代码"，在第 110 帧处按【F6】键插入关键帧。按【F9】键，打开"动作"面板，输入停止代码"stop();"，如图 8-12 所示。

图 8-11　创建"水波动画"实例

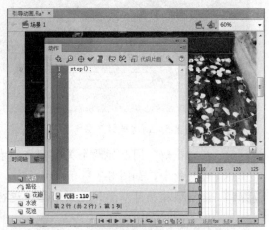

图 8-12　添加停止代码

任务二　遮罩动画的制作

任务概述

遮罩动画由遮罩层和被遮罩层组成。遮罩层用于放置遮罩的形状，被遮罩层用于放置要显示的图像。遮罩动画的制作原理就是透过遮罩层中的形状将被遮罩层中的图像显示出来。在本任务中，将学习遮罩动画的制作方法。

任务重点与实施

一、认识遮罩层

若要获得聚光灯效果和过渡效果，可以使用遮罩层创建一个孔，通过这个孔可以看到下面的图层。遮罩项目可以是填充的形状、文字对象、图形元件的实例或影片剪辑。将多个图层组织在一个遮罩层下，可以创建复杂的遮罩效果。若要创建动态效果，可以让遮罩层动起来。

若要创建遮罩层，应将遮罩项目放在要用作遮罩的图层上。与填充或笔触不同，遮罩项目就像一个窗口一样，透过它可以看到位于它下面的被遮罩层区域。除了透过遮罩项目显示的内容之外，其余的所有内容都被遮罩层的其余部分隐藏起来。

需要注意的是，一个遮罩层只能包含一个遮罩项目。遮罩层不能在按钮内部，也不能将一个遮罩应用于另一个遮罩。

二、创建遮罩层

Step 01 打开素材文件"遮罩层.fla"，这是一张瀑布风景图，如图 8-13 所示。

Step 02 新建"图层 2"，使用文本工具输入所需的文字。按【Ctrl+B】组合键，将文字分离为图形，如图 8-14 所示。

图 8-13　打开素材文件

图 8-14　分离文本

Step 03 右击"图层 2"，在弹出的快捷菜单中选择"遮罩层"命令，如图 8-15 所示。

Step 04 此时将自动锁定"图层 1"和"图层 2"，以查看遮罩效果。可以看到透过文字将"图层 1"中的图像显示出来了，而文字外的图像被隐藏，如图 8-16 所示。要对遮罩层进行编辑，只需解锁图层即可。

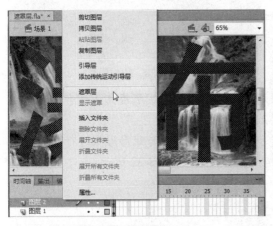

图 8-15　选择"遮罩层"命令

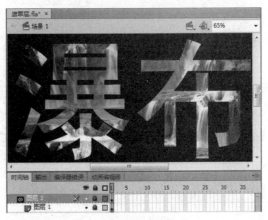

图 8-16　查看遮罩效果

　　在制作过程中，遮罩层中的对象经常因挡住下层的图像影响视线，造成无法编辑，可以通过单击遮罩层右侧的轮廓按钮■，使其只显示轮廓。

三、创建"放大镜"效果遮罩动画

Step 01 打开素材文件"放大镜效果动画.fla"，查看"库"面板中提供的元件，如图 8-17 所示。

Step 02 分别将"库"面板中的"德"、"赢"、"天"、"下"元件拖至舞台，并调大各实例，如图 8-18 所示。

图 8-17　打开"库"面板　　　　　　　　图 8-18　创建元件实例

Step 03 将"图层 1"重命名为"大字"，并锁定该图层。新建"图层 2"，并将其重命名为"大字遮"，如图 8-19 所示。

Step 04 使用椭圆工具在对象绘制模式下绘制一个圆形，使其刚好能够遮住文字，如图 8-20 所示。

图 8-19　新建图层　　　　　　　　　　图 8-20　绘制圆形

Step 05 使用矩形工具绘制一个矩形形状，使其高度与舞台相同，宽度大于舞台宽度的 2 倍，右边与舞台的右边对齐，如图 8-21 所示。

Step 06 选中圆形，按【Ctrl+B】组合键将其分离为形状，使其与矩形形状进行叠加。右击矩形，在弹出的快捷菜单中选择"剪切"命令，如图 8-22 所示。

图 8-21　绘制矩形　　　　　　　　　　图 8-22　剪切矩形

Step 07 新建图层，并将其重命名为"小字遮"。在舞台的空白位置右击，在弹出的快捷菜单中选择"粘贴到当位置"命令，如图 8-23 所示。

Step 08 锁定所有图层，然后新建图层并重命名为"放大镜"。将"库"面板中的放大镜元件拖至舞台，如图 8-24 所示。

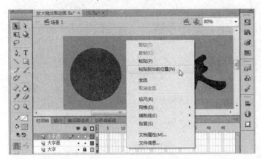

图 8-23　新建图层并粘贴矩形　　　　　　图 8-24　新建图层并添加实例

Step 09 调整放大镜实例的大小和方向，使圆形正好充当其镜片，效果如图 8-25 所示。

Step 10 隐藏除"大字"图层之外的其他图层，在"大字遮"图层上新建图层，并将其重命名为"小字"，如图 8-26 所示。

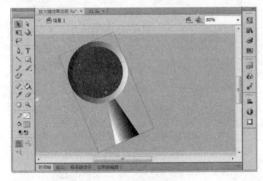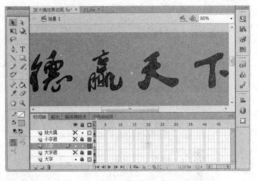

图 8-25　调整实例大小　　　　　　　　　图 8-26　隐藏并新建图层

Step 11 分别将"库"面板中的"德"、"赢"、"天"、"下"元件拖至舞台，并放到相应的大字的中部，如图 8-27 所示。

Step 12 显示各个图层，右击"大字遮"图层，在弹出的快捷菜单中选择"遮罩层"命令，如图 8-28 所示。

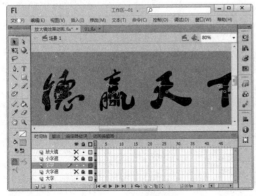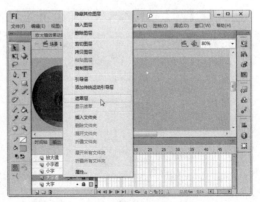

图 8-27　创建实例　　　　　　　　　　　图 8-28　选择"遮罩层"命令

Step 13 用同样的方法，将"小字遮"图层设置为遮罩层，效果如图 8-29 所示。

Step 14 在各个图层的第 80 帧处插入普通帧，以延长动画的长度，如图 8-30 所示。

图 8-29　创建遮罩层

图 8-30　延长帧

Step 15 锁定"大字"和"小字"图层，解锁其他图层。在按住【Ctrl】键的同时选择"放大镜"、"小字遮"和"大字遮"图层的第 30 帧，按【F6】键插入关键帧，如图 8-31 所示。

Step 16 使用选择工具在按住【Shift】键的同时向右拖动选中的三个图形，直至出现"下"字，如图 8-32 所示。

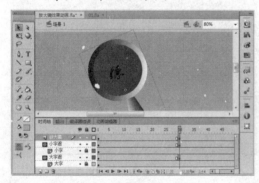

图 8-31　插入关键帧

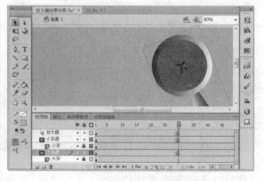

图 8-32　调整实例位置

Step 17 按住【Ctrl】键的同时选择这三个图层的两个关键帧之间中的任意帧，然后在其上面右击，选择"创建传统补间"命令，如图 8-33 所示。

Step 18 在按住【Ctrl】键的同时选择"放大镜"、"小字遮"和"大字遮"图层的第 40 帧，按【F6】键插入关键帧，如图 8-34 所示。

图 8-33　创建传统补间动画

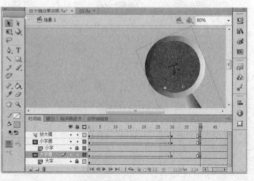

图 8-34　插入关键帧

Step 19 右击"放大镜"图层的第1帧，在弹出的快捷菜单中选择"复制帧"命令，如图8-35所示。

Step 20 右击"放大镜"图层的第70帧，在弹出的快捷菜单中选择"粘贴帧"命令，如图8-36所示。

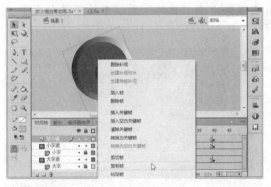

图8-35　选择"复制帧"命令

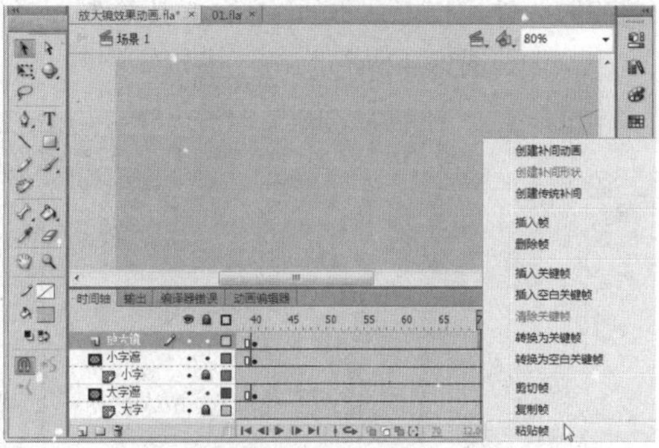

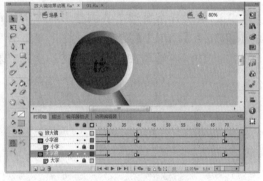

图8-36　选择"粘贴帧"命令

Step 21 在"放大镜"图层的第70帧以后的帧上右击，选择"删除补间"命令，如图8-37所示。

Step 22 用同样的方法制作"小字遮"和"大字遮"图层的第70帧，如图8-38所示。

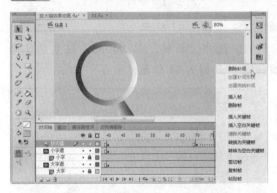

图8-37　选择"删除补间"命令

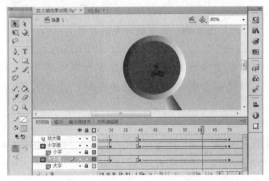

图8-38　设置其他图层

Step 23 在"放大镜"、"小字遮"和"大字遮"三个图层的第40帧和第70帧之间创建传统补间动画，如图8-39所示。

Step 24 锁定全部图层，即可查看放大镜效果，如图8-40所示。

图8-39　创建传统补间动画

图8-40　查看放大镜效果

四、创建"闪闪红星"遮罩动画

Step 01 打开素材文件"闪闪红星.fla",将"图层 1"重命名为"背景"图层,创建矩形并设置渐变填充,如图 8-41 所示。

Step 02 新建图层,使用线条工具绘制一条白色线条,在"属性"面板中设置笔触大小,如图 8-42 所示。

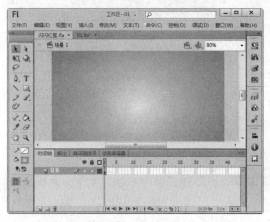

图 8-41 设置渐变背景　　　　　　　图 8-42 绘制线条

Step 03 使用任意变形工具调整形状中心点的位置,如图 8-43 所示。

Step 04 按【Ctrl+T】组合键,打开"变形"面板。选中"旋转"单选按钮,设置角度为 10,连续单击"重制选区和变形"按钮 □,如图 8-44 所示。

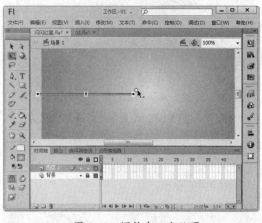
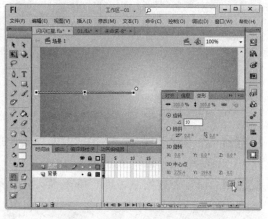

图 8-43 调整中心点位置　　　　　　　图 8-44 设置旋转复制变形

专家指导
Expert guidance
→
　　　　在设置旋转变形时,将鼠标指针置于角度数值上,待其变为双向箭头时拖动鼠标即可更改角度并在舞台中预览变形效果。在设置角度时,应使其能被 360 整除。

Step 05 此时,即可查看经过变形后的形状效果,如图 8-45 所示。

Step 06 选中变形后的线条形状,单击"修改"|"形状"|"将线条转换为填充"命令,如图 8-46 所示。

图 8-45　旋转复制变形效果　　　　　　　　　图 8-46　将线条转换为填充

Step 07　按【F8】键，将形状转换为图形元件，如图 8-47 所示。

Step 08　将当前图层重命名为"形状 1"，按【Ctrl+C】组合键复制实例，新建图层并重命名为"形状 2"。右击舞台空白位置，在弹出的快捷菜单中选择"粘贴到当前位置"命令，如图 8-48 所示。

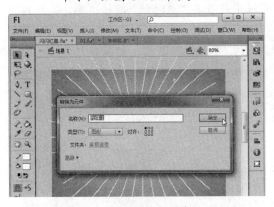

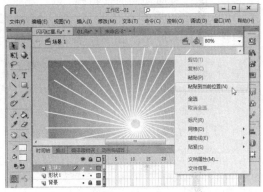

图 8-47　转换为图形元件　　　　　　　　　　图 8-48　复制实例

Step 09　选中"形状 2"图层中的实例，单击"修改"|"变形"|"垂直翻转"命令，效果如图 8-49 所示。

Step 10　锁定"形状 2"图层，选中"形状 1"图层中的实例，打开"属性"面板，从中对实例的色彩效果进行调整，将其调整为黄色，如图 8-50 所示。

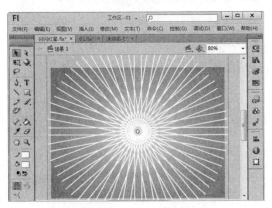

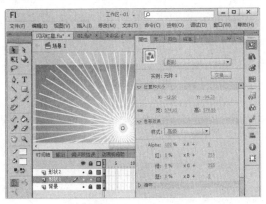

图 8-49　选择"垂直翻转"命令　　　　　　　图 8-50　设置色彩效果

Step 11 在"形状 1"图层的第 40 帧处插入关键帧，在"背景"和"形状 2"图层的第 40
帧处插入普通帧，如图 8-51 所示。

Step 12 在"形状 1"图层的两个关键帧之间右击，在弹出的快捷菜单中选择"创建传统
补间"命令，如图 8-52 所示。

图 8-51 插入普通帧和关键帧

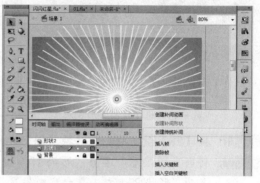

图 8-52 创建传统补间动画

Step 13 选择补间动画的任何帧，在"属性"面板中设置其"顺时针"旋转 1 圈，如图 8-53
所示。

Step 14 创建新图层，将"五角星"元件拖至舞台，并调整其位置，如图 8-54 所示。

图 8-53 设置"补间"属性

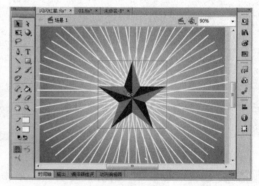

图 8-54 新建图层并创建实例

Step 15 右击"形状 2"图层，在弹出的快捷菜单中选择"遮罩层"命令，如图 8-55 所示。

Step 16 至此动画制作完成，拖动播放头查看动画效果，如图 8-56 所示。

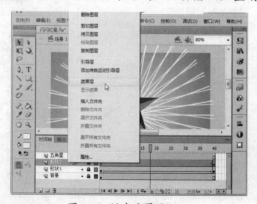

图 8-55 创建遮罩层

图 8-56 预览动画

项目小结

通过本项目的学习，读者应重点掌握以下知识：

（1）运动引导层用来绘制路径，补间实例、组或文本块可以沿着这些路径运动，可以将多个层链接到一个运动引导层，使多个对象沿同一条路径运动。

（2）可以将任何填充形状用作遮罩，如组、文本和元件，透过遮罩层中的对象看到被遮罩层中的内容。

（3）使遮罩层或被遮罩层动起来，以创建遮罩动画。

项目习题

（1）打开素材文件"水车.fla"，利用引导层使水车转起来，如图 8-57 所示。

（2）利用遮罩层创建闪光文字动画，效果如图 8-58 所示。

（3）打开素材文件"水波.fla"，利用遮罩层创建水波动画，效果如图 8-59 所示。

（4）利用遮罩层创建卷轴展开动画，效果如图 8-60 所示。

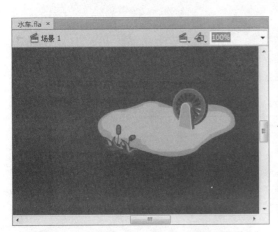

图 8-57 创建引导动画

图 8-58　预览动画

图 8-59 创建遮罩层

图 8-60　预览动画

项目九 3D 动画和 IK 动画的制作

项目概述

在 Flash CS6 中，可以使用 3D 工具创建具有立体空间感的 3D 动画，还可以使用骨骼工具创建 IK 反向运动动画。在本项目中，将学习这两种动画的特点和制作方法。

项目重点

- 掌握在 3D 空间中的对象操作方法。
- 掌握绘制 3D 图形的方法。
- 掌握制作 3D 动画的方法。
- 认识 IK 反向运动。
- 掌握添加与编辑骨骼的方法。
- 掌握制作 IK 动画的方法。

项目目标

- 能够使用 3D 工具制作立体形状。
- 能够利用补间创建 3D 运动动画。
- 能够正确地为实例或形状添加骨骼。
- 能够制作出较为逼真的 IK 动画。

任务一 3D 动画的制作

任务概述

在 Flash CS6 中，可以使用 3D 平移工具和 3D 旋转工具来对影片剪辑实例创建 3D 效果。在本任务中，将学习 3D 工具的使用方法，以及如何制作 3D 图形及 3D 动画。

任务重点与实施

一、在 3D 空间中的对象操作

下面将介绍在 3D 空间中的对象操作，其中包括在 3D 空间中移动对象，在 3D 空间中旋转对象，调整透视角度，以及调整消失点等。

1. 认识 3D 空间中的对象操作

在 3D 空间中移动对象称为平移，旋转对象称为变形，将这两种效果的任意一种应用于影片剪辑后，Flash CS6 将视其为一个 3D 影片剪辑实例，当选择该影片剪辑后将显示一个重叠在其上面的彩轴指示符。

要使对象看起来离查看者更近或更远，可以使用 3D 平移工具或"属性"面板沿 Z 轴移动该对象，如图 9-1 所示。若要使对象看起来与查看者之间形成某一角度，可以使用 3D 旋转工具绕对象的 Z 轴旋转影片剪辑，如图 9-2 所示。通过组合使用这些工具可以创建逼真的透视效果。

图 9-1　沿 Z 轴移动对象

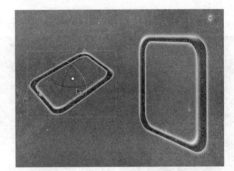

图 9-2　绕 Z 轴旋转对象

3D 平移和 3D 旋转工具都可以在全局 3D 空间或局部 3D 空间中操作对象。全局 3D 空间即为舞台空间，全局变形和平移与舞台相关，如图 9-3 所示。局部 3D 空间即为影片剪辑空间。局部变形和平移与影片剪辑空间相关。例如，如果影片剪辑包含多个嵌套的影片剪辑，则嵌套的影片剪辑的局部 3D 变形与容器影片剪辑内的绘图区域相关，如图 9-4 所示。3D 平移和旋转工具的默认模式是全局。若要在局部模式中使用这些工具，可单击"工具"面板的中的"全局"切换按钮 。

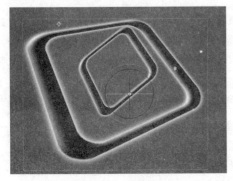

图 9-3　全局变形

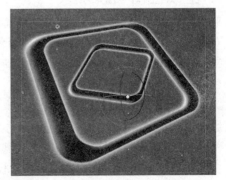

图 9-4　局部变形

如果舞台上有多个 3D 对象，可以通过调整 FLA 文件的"透视角度"和"消失点"属性将特定的 3D 效果添加到所有对象。"透视角度"属性具有缩放舞台视图的效果；"消失点"属性具有在舞台上平移 3D 对象的效果。这些设置只影响应用 3D 变形或平移的影片剪辑的外观。FLA 文件的摄像头视图与舞台视图相同。每个 FLA 文件只有一个"透视角度"和"消失点"设置。

2. 在 3D 空间中移动对象

用户可以使用 3D 平移工具在 3D 空间中移动影片剪辑实例。使用该工具选择影片剪辑后，影片剪辑的 X、Y 和 Z 三个轴将显示在舞台上对象的顶部。X 轴为红色、Y 轴为绿色，而 Z 轴为蓝色，如图 9-5 所示。若要通过用该工具进行拖动来移动对象，可将指针移动到 X、Y 或 Z 轴控件上，按住鼠标左键并拖动鼠标即可。

3D 平移工具的默认模式是全局，使用 3D 平移工具进行拖动的同时按住【D】键，可以临时从全局模式切换到局部模式。

使用"属性"面板可以移动对象，在"3D 定位和查看"选项组中输入 X、Y 或 Z 的值即可，如图 9-6 所示。

图 9-5 3D 平移

图 9-6 使用"属性"面板定位

使用 3D 平移工具可以移动多个选中的对象，在移动多个对象时只显示一个 3D 控件。若要将该控件转移到其他选中的对象上，可在按住【Shift】键的同时连续单击两次该对象。

3. 在 3D 空间中旋转对象

使用 3D 旋转工具可以在 3D 空间中旋转影片剪辑实例。3D 旋转控件出现在舞台上的选定对象上，X 控件为红色、Y 控件为绿色、Z 控件为蓝色。使用橙色的自由旋转控件可同时绕 X 和 Y 轴旋转。还可根据需要重新定位 3D 旋转控件的中心点，具体方法如下：

（1）若要将中心点移动到任意位置，可拖动中心点，如图 9-7 所示。

（2）若要将中心点移动到一个选定影片剪辑的中心，可在按住【Shift】键的同时双击该影片剪辑。

（3）若要将中心点移动到选中影片剪辑组的中心，可双击该中心点。

（4）还可以在"变形"面板中进行 3D 旋转，以及移动 3D 中心点的位置，如图 9-8 所示。

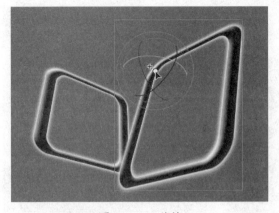

图 9-7　3D 旋转　　　　　　图 9-8　使用"变形"面板设置中心点

4. 调整透视角度

FLA 文件的透视角度属性控制 3D 影片剪辑视图在舞台上的外观视角。增大或减小透视角度，将影响 3D 影片剪辑的外观尺寸及其相对于舞台边缘的位置。增大透视角度可以使 3D 对象看起来更接近查看者，如图 9-9 所示；减小透视角度属性可以使 3D 对象看起来更远，如图 9-10 所示。

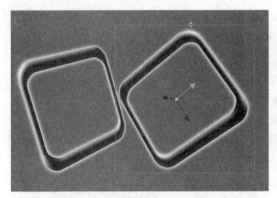

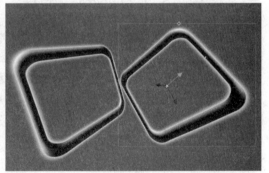

图 9-9　增加透视角度　　　　　　图 9-10　减小透视角度

默认透视角度为 55°视角，类似于普通照相机的镜头，视角范围为 1°~180°。选择一个影片剪辑实例后，可在"属性"面板中中更改透视角度。

5. 调整消失点

FLA 文件的消失点属性控制舞台上 3D 影片剪辑实例的 Z 轴方向。FLA 文件中所有 3D 影片剪辑实例的 Z 轴都朝着消失点后退。通过重新定位消失点，可以更改沿 Z 轴平移对象时对象的移动方向。通过调整消失点的位置，可以精确控制舞台上 3D 对象的外观和动画。例如，如果将消失点定位在舞台的左上角（0,0），则增大影片剪辑的 Z 属性值，可使影片剪辑远离查看者，并向着舞台的左上角移动，如图 9-11 所示。

消失点是一个文档属性，它会影响应用了 Z 轴平移或旋转的所有影片剪辑。消失点不会影响其他影片剪辑。消失点的默认位置是舞台中心。

用户可在舞台上选择一个 3D 影片剪辑实例，然后在"属性"面板中查看或设置消失点，如图 9-12 所示。

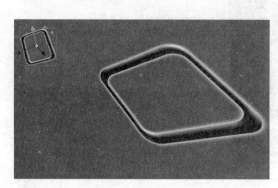

图 9-11　调整消失点位置　　　　　　　　　　　　图 9-12　设置消失点

专家指导
Expert guidance
➡

　　在为影片剪辑实例添加 3D 变形后，不能在"在当前位置编辑"模式下编辑该实例的父影片剪辑元件。不能对遮罩层上的对象使用 3D 工具，包含 3D 对象的图层也不能用作遮罩层。

二、使用 3D 工具绘制立方体

　　下面使用 3D 工具绘制一个立方体，具体操作方法如下：

Step 01　新建 Flash 文档，并将其保存为"立方体"，舞台的大小为 600 像素 × 600 像素。使用矩形工具绘制一个大小为 200 像素的正方形，选择该正方形，按【F8】键将其转换为影片剪辑元件，如图 9-13 所示。

Step 02　选中实例，在"属性"面板中进行 3D 定位为"X: 200，Y: 200，Z: 0"，如图 9-14 所示。

图 9-13　转换为影片剪辑元件　　　　　　　　　　图 9-14　3D 定位实例

Step 03　复制一个实例并将其选中，在"变形"面板中设置其绕 Y 轴旋转-90°，如图 9-15 所示。

Step 04　在"属性"面板中进行 3D 定位为"X: 400，Y: 200，Z: -200"，如图 9-16 所示。

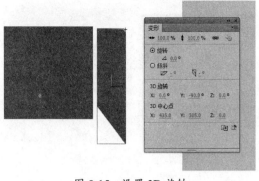

图 9-15　设置 3D 旋转

图 9-16　3D 定位实例

Step 05　选中实例，在"属性"面板中设置消失点的位置为"X：300，Y：300"，效果如图 9-17 所示。

Step 06　在"属性"面板中更改实例的色彩效果，效果如图 9-18 所示。

图 9-17　设置消失点位置

图 9-18　设置实例色彩效果

Step 07　复制一个右侧的实例并将其移至左侧，在"属性"面板中进行 3D 定位为"X：200，Y：200，Z：-200"，然后更改其色彩效果，如图 9-19 所示。

Step 08　复制一个底部的矩形实例，然后在"变形"面板中设置其绕 X 轴旋转 -90°，如图 9-20 所示。

图 9-19　3D 定位实例

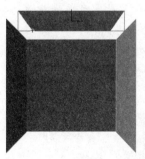

图 9-20　3D 旋转实例

Step 09　在"属性"面板中进行 3D 定位为"X：200，Y：200，Z：0"，然后更改其色彩效果，如图 9-21 所示。

Step 10　复制一个上方的实例并将其移至下方，在"属性"面板中进行 3D 定位为"X：200，Y：400，Z：0"，然后更改其色彩效果，如图 9-22 所示。

图 9-21　3D 定位实例

图 9-22　3D 定位实例

Step 11 复制一个底部的矩形实例，在"属性"面板中进行 3D 定位为"X: 200，Y: 400，Z: -200"，然后更改其色彩效果，如图 9-23 所示。

Step 12 此时立方体已组合完成，按【Ctrl+A】组合键全选舞台上的实例，然后按【F8】键将其转换为影片剪辑元件，并设置注册点为中心，如图 9-24 所示。

图 9-23　3D 定位实例

图 9-24　转换为影片剪辑元件

三、制作立方体旋转动画

下面制作立方体旋转动画，具体操作方法如下：

Step 01 将舞台背景设置为黑色，选中立方体实例，在"变形"面板中设置其绕 Z 轴旋转 45°，如图 9-25 所示。

Step 02 在第 40 帧处按【F5】键插入普通帧，然后单击"插入"|"补间动画"命令创建补间动画，如图 9-26 所示。

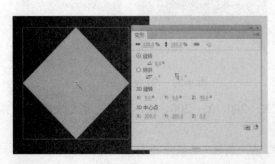

图 9-25　绕 Z 轴旋转 45°

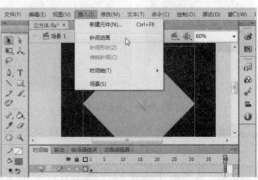

图 9-26　创建补间动画

Step 03 将播放头移至第 40 帧，在"变形"面板中设置立方体实例绕 X 轴旋转 359.9°，绕 Y 轴旋转 359.9°，如图 9-27 所示。

Step 04 在"时间轴"面板中拖动播放头，预览 3D 旋转效果，如图 9-28 所示。

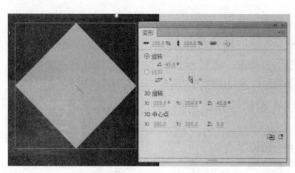

图 9-27　设置 3D 旋转

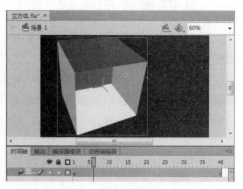

图 9-28　预览 3D 旋转

Step 05 为了使立体效果更加突出，可在"库"面板中双击"零件"元件，在其编辑窗口中将其编辑为如图 9-29 所示的中空形状。

Step 06 按【Ctrl+Enter】组合键测试动画，查看 3D 旋转效果，如图 9-30 所示。

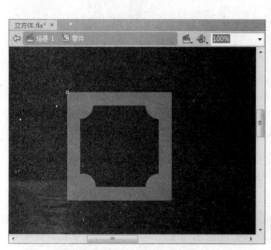

图 9-29　编辑影片剪辑元件

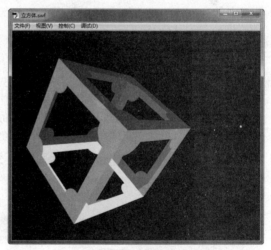

图 9-30　测试动画

任务二　IK 动画的制作

 任务概述

Inverse Kinematics（反向运动）简称 IK，是依据反向运动学的原理对层次连接后的复合对象进行运动设置。与正向运动不同，运用 IK 系统控制层末端对象的运动，系统将自动计算此变换对整个层次的影响，并据此完成复杂的复合动画。在本任务中，将学习骨骼工具的使用方法，以及如何制作 IK 动画。

任务重点与实施

一、认识 IK 反向运动

反向运动（IK）是一种使用骨骼工具对对象进行动画处理的方式，这些骨骼按父子关系链接成线性或枝状的骨架。当一个骨骼移动时，与其连接的骨骼也会发生相应的移动。

使用反向运动可以方便地创建自然运动，例如，通过反向运动可以更加轻松地创建人物动画，如胳膊、腿和面部表情。若要使用反向运动进行动画处理，只需在时间轴上指定骨骼的开始和结束位置即可，Flash 会自动在起始帧和结束帧之间对骨架中骨骼的位置进行内插处理。

在 Flash 中，可以按照以下两种方式使用 IK：

第一种方式是通过添加将每个实例与其他实例连接在一起的骨骼，用关节连接一系列的元件实例（注意，每个实例都只有一个骨骼）。例如，通过将躯干、上臂、下臂和手链接在一起，创建逼真移动的胳膊。可以创建一个分支骨架以包括两个胳膊、两条腿和头，如图 9-31 所示。人像的肩膀和臀部是骨架中的分支点。默认的变形点是根骨的头部、内关节以及分支中最后一个骨骼的尾部。

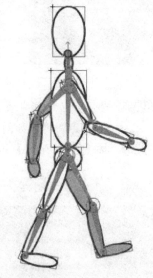

第二种方式是使用形状作为多块骨骼的容器，图 9-32 所示为一个已添加 IK 骨架的形状。例如，可以向蛇的图画中添加骨骼，以使其逼真地爬行。用户可以在"对象绘制"模式下绘制这些形状。每块骨骼的头部都是圆的，而尾部是尖的。所添加的第一个骨骼（即根骨）的头部有一个圆。

图 9-31 IK 实例

需要注意的是，要使用反向运动，FLA 文件必须在"发布设置"对话框的 Flash 选项卡中将"脚本"设置为 ActionScript 3.0，如图 9-33 所示。

图 9-32 IK 形状

图 9-33 选择脚本

二、向元件添加骨架

用户可以向影片剪辑、图形和按钮实例添加 IK 骨骼。向元件实例添加骨骼时会创建一个链接实例链，它可以是一个简单的线性链或分支结构。在添加骨骼之前，元件实例可以在不同的图层上。添加骨骼时，Flash 会将它们移至新的姿势图层上。

向元件添加骨架的具体操作方法如下：

Step 01 打开素材文件"人模型.fla"，将"图层 1"延长至 30 帧，如图 9-34 所示。

Step 02 使用椭圆工具在舞台下方绘制一个黑色小圈，按【F8】键将其转换为影片剪辑元件，如图 9-35 所示。

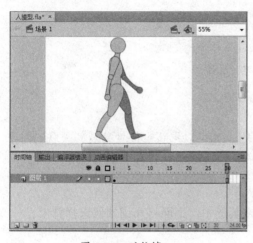

图 9-34　延长帧　　　　　　　　　　图 9-35　转换为影片剪辑元件

Step 03 使用任意变形工具调整各实例中心点的位置，如图 9-36 所示。

Step 04 选择骨骼工具，单击舞台下方的圆点实例，然后按住鼠标左键并拖动到大腿元件实例的中心点，以创建链接，如图 9-37 所示。在拖动时将显示骨骼，松开鼠标左键后在两个元件实例之间将显示实心的骨骼。每个骨骼都具有头部（圆端）和尾部（尖端）。

图 9-36　调整各实例中心点　　　　　图 9-37　绘制骨骼

Step 05 从第一个骨骼的尾部拖动到骨架的下一个元件实例的中心点上，添加其他骨骼，如图 9-38 所示。默认情况下，Flash 将每个元件实例的中心点移至由每个骨骼连接构成的连接位置。

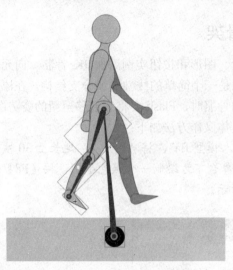

图 9-38　添加其他骨骼

三、编辑 IK 骨架和对象

创建骨骼后，可以使用多种方法对其进行编辑，如可以重新定位骨骼及其关联的对象，在对象内移动骨骼，更改骨骼的长度，删除骨骼，以及编辑包含骨骼的对象等。

1. 选择骨骼及其关联对象

要对骨架及其关联对象进行编辑，首先要将其选中，下面将介绍如何选择骨架。

（1）选择骨骼

使用选择工具单击骨骼，即可将其选中。在其"属性"面板中单击"父级"或"子级"按钮，即可选择与其关联的骨骼，如图 9-39 所示。

（2）选择多个骨骼

在按住【Shift】键的同时使用选择工具单击骨骼，可以选择多个骨骼。双击骨骼，即可选择全部骨骼，如图 9-40 所示。若要选择 IK 形状或元件实例，只需使用选择工具单击它即可。

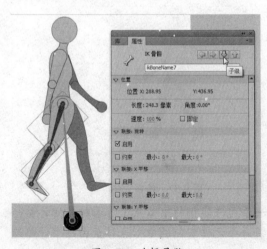

图 9-39　选择骨骼

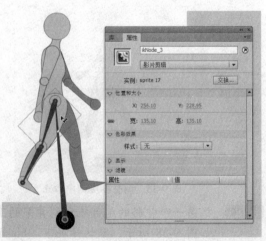

图 9-40　选择多个骨骼

2．删除骨骼

若要删除单个骨骼及其所有子级，可将其选中后按【Delete】键。若要从某个 IK 形状或元件骨架中删除所有的骨骼，可选择该形状或该骨架中的任何元件实例，然后单击"修改"|"分离"命令，IK 形状将还原为正常形状。

3．重新定位骨骼和对象

用户可以通过重新定位骨骼或其关联对象来编辑 IK 骨骼，具体操作方法如下：

（1）定位骨架

拖动骨架中的任何骨骼，即可重新定位线性骨架。如果骨架已连接到元件实例，还可以拖动实例，如图 9-41 所示。

（2）定位分支

若要重新定位骨架的某个分支，可以拖动该分支中的任何骨骼，该分支中的所有骨骼都将移动，但骨架的其他分支中的骨骼不会移动，如图 9-42 所示。

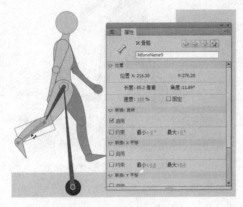

图 9-41　定位骨架

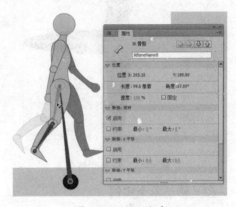

图 9-42　定位分支

（3）旋转子骨骼

若要将某个骨骼与其子级骨骼一起旋转，而不移动父级骨骼，可按住【Shift】键并拖动该骨骼，如图 9-43 所示。

（4）移动骨骼对象位置

若要将骨骼对象移至舞台上的新位置，可在属性检查器中选择骨骼，修改其 X 和 Y 属性，如图 9-44 所示。

图 9-43　旋转子骨骼

4. 移动骨骼

用户可以根据需要移动骨骼的位置，具体操作方法如下：

（1）移动骨骼位置

若要移动 IK 形状内骨骼任意一端的位置，可使用部分选取工具拖动骨骼的一端，如图 9-45 所示。

（2）移动骨骼连接位置

若要移动元件实例内骨骼连接、头部或尾部的位置，可使用任意变形工具调节实例中心点的位置，这时骨骼将随中心点移动，如图 9-46 所示。

图 9-45　移动骨骼位置

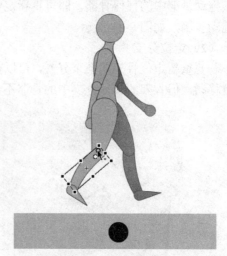

图 9-46　移动骨骼连接位置

（3）移动单个实例

若要移动单个元件实例，而不移动任何其他链接的实例，可按住【Alt】键拖动该实例，或使用任意变形工具拖动它。连接到实例的骨骼将变长或变短，以适应实例的新位置。

5. 绑定骨骼到形状点

默认情况下，形状的控制点连接到离它们最近的骨骼。在移动 IK 形状骨架时，形状的笔触并不按令人满意的方式扭曲，这时可以使用绑定工具编辑单个骨骼和形状控制点之间的连接，这样就可以控制在每个骨骼移动时笔触扭曲的方式，以获得更加满意的结果。

用户可以将多个控制点绑定到一个骨骼，以及将多个骨骼绑定到一个控制点。使用绑定工具单击控制点或骨骼，将显示骨骼和控制点之间的连接，然后可以按各种方式更改连接。

（1）加亮控制点

要加亮显示已连接到骨骼的控制点，可在骨骼工具组中选择绑定工具，单击该骨骼即可显示控制点，如图 9-47 所示。

（2）添加控制点

要为选定的骨骼添加控制点，可按住【Shift】键的同时单击未加亮显示的控制点。也可以按住【Shift】键拖动来选择要添加到选定骨骼的多个控制点，如图 9-48 所示。

图 9-47　加亮控制点　　　　　　　　　图 9-48　添加控制点

（3）删除控制点

要从骨骼中删除控制点，可按住【Ctrl】键的同时单击以黄色加亮显示的控制点。要向选定的控制点添加其他骨骼，可按住【Shift】键的同时单击骨骼。

四、编辑 IK 动画属性

下面将介绍如何编辑 IK 动画的属性，其中包括设置 IK 运动约束，对骨架进行动画处理，为 IK 动画添加缓动，为 IK 运动添加弹簧属性，以及更改骨骼样式等。

1. 设置 IK 运动约束

（1）设置旋转约束

要约束骨骼的旋转，可以在属性检查器的"联接：旋转"选项中输入旋转的最小度数和最大度数，如图 9-49 所示。旋转度数相对于父级骨骼，在骨骼连接的顶部将显示一个指示旋转自由度的弧形。

（2）启用骨骼移动

若要使选定的骨骼可以沿 X 或 Y 轴移动，并更改其父级骨骼的长度，可在属性检查器的"联接：X 平移"或"联接：Y 平移"部分中选中"启用"复选框，如图 9-50 所示。这时，将显示一个垂直于连接上骨骼的双向箭头，指示已启用 X 轴运动；显示一个平行于连接上骨骼的双向箭头，指示已启用 Y 轴运动。若对骨骼同时启用了 X 平移和 Y 平移，对该骨骼禁用旋转时定位它将更为容易。

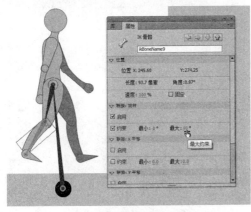

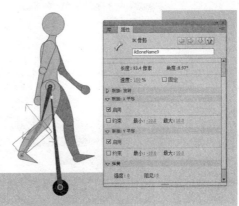

图 9-49　设置旋转约束　　　　　　　　图 9-50　启用骨骼移动

（3）设置移动约束

若要限制沿 X 或 Y 轴启用的运动量，可在属性检查器的"联接：X 平移"或"联接：Y 平移"部分中选中"约束"复选框，然后输入骨骼可以行进的最小距离和最大距离，如图 9-51 所示。

（4）固定骨骼

若要固定某骨骼使其不再运动，可在"属性"面板中选中"固定"复选框。若要限制选定骨骼的运动速度，可在属性检查器的"速度"字段中输入一个值（最大值 100%表示对速度没有限制），如图 9-52 所示。

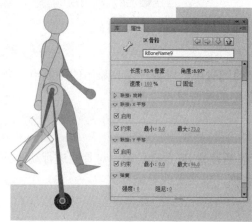
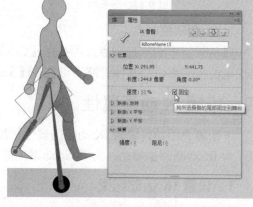

图 9-51　设置移动约束　　　　　　　　　　图 9-52　固定骨骼

2. 对骨架进行动画处理

对 IK 骨架进行动画处理的方式为向姿势图层添加帧（姿势图层中的关键帧称为姿势），并在舞台上重新定位骨架，具体操作方法如下：

Step 01 要在骨架图层中添加帧，只需将鼠标指针置于骨架图层最后一帧上，当指针变为双向箭头时按住鼠标左键并向右拖动鼠标即可，如图 9-53 所示。也可向左拖动鼠标，以删除帧，这点与补间动画的相同。

Step 02 要添加姿势，只需将播放头定位到要添加姿势的帧上，然后在舞台上重新定位骨架即可。也可右击帧，在弹出的快捷菜单中选择"插入姿势"命令，如图 9-54 所示。

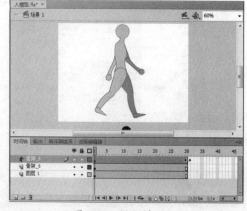
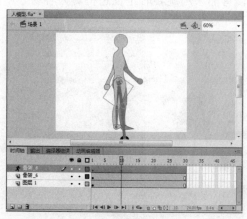

图 9-53　添加帧　　　　　　　　　　　　图 9-54　重新定位骨架

Step 03 采用相同的方法，在第 15 帧、第 20 帧和第 25 帧中添加姿势，如图 9-55 所示。

Step 04 选中骨架图层的第 1 帧并右击，在弹出的快捷菜单中选择"复制姿势"命令，如图 9-56 所示。

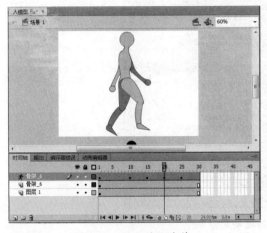

图 9-55　添加其他姿势　　　　　　　　图 9-56　选择"复制姿势"命令

Step 05 选中骨架图层的第 30 帧并右击，在弹出的快捷菜单中选择"粘贴姿势"命令，如图 9-57 所示。

Step 06 查看粘贴姿势效果，如图 9-58 所示。此时，可以拖动播放头预览动画效果，若实例之间出现不协调的动作，还可以按住【Alt】键的同时调整实例的位置。

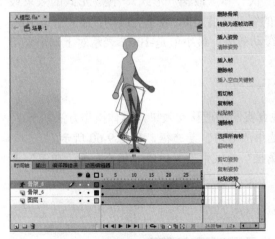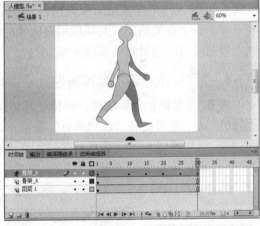

图 9-57　选择"粘贴姿势"命令　　　　　　图 9-58　预览动画效果

专家指导
Expert guidance
→

　　无法在姿势图层中对除骨骼位置以外的属性进行补间。若要对 IK 对象的其他属性（如色彩效果或滤镜）进行补间，可将骨架及其关联的对象包含在影片剪辑或图形元件中。

3. 为 IK 动画添加缓动

使用姿势向 IK 骨架添加动画时，可以调整帧中围绕每个姿势动画的速度，以创建出更为逼真的运动效果。方法为：单击姿势图层中两个姿势帧之间的帧，打开"属性"面板，从"缓动"菜单中选择缓动类型，然后设置缓动强度即可，如图 9-59 所示。

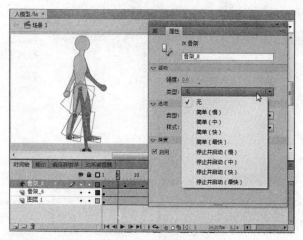

图 9-59　选择缓动类型

"简单"缓动将降低相邻上一个姿势帧之后的帧中运动的加速度，或相邻下一个姿势帧之前的帧中运动的加速度。

"停止并启动"缓动减缓相邻之前姿势帧后面的帧，以及紧邻图层中下一个姿势帧之前的帧中的运动。

这两种类型的缓动都具有"慢"、"中"、"快"和"最快"形式。"慢"形式的效果最不明显，而"最快"形式的效果最明显。默认的缓动强度是 0，表示无缓动；最大值是 100，表示对下一个姿势帧之前的帧应用最明显的缓动效果；最小值是-100，表示对上一个姿势帧之后的帧应用最明显的缓动效果。

4. 为 IK 运动添加弹簧属性

为 IK 骨骼添加弹簧属性，可以使其体现真实的物理移动效果，具体操作方法如下：

Step 01　选中骨架图层，在"属性"面板中选中"启用"复选框，如图 9-60 所示。

Step 02　选中要添加弹簧属性的骨骼，在"属性"面板中设置弹簧"强度"和"阻尼"参数，如图 9-61 所示。

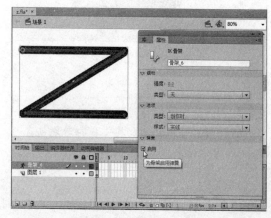

图 9-60　启用弹簧属性

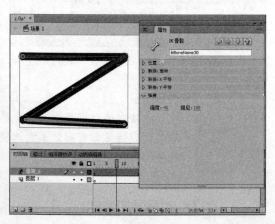

图 9-61　设置弹簧属性

在"弹簧"属性选项中，两个参数的含义如下：

➤ **强度：** 表示弹簧强度，数值越高，创建的弹簧效果越强；

➤ **阻尼：** 表示弹簧效果的衰减速率，数值越高，弹簧属性减小得越快。

5. 更改骨骼样式

➤ **实线：** 默认样式，如图 9-62 所示。

➤ **线框：** 此方式在纯色样式遮住骨骼下的插图太多时很有用，如图 9-63 所示。

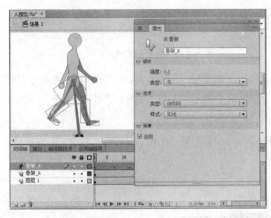

图 9-62　默认样式　　　　　　　　　　图 9-63　线框样式

➤ **线：** 对于较小的骨架很有用，如图 9-64 所示。

➤ **无：** 隐藏骨骼，仅显示骨骼下面的插图，如图 9-65 所示。

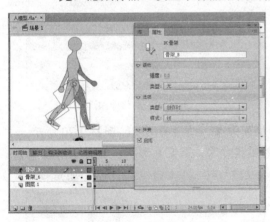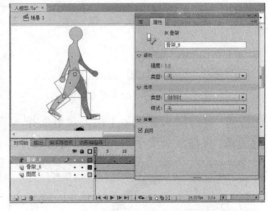

图 9-64　线样式　　　　　　　　　　图 9-65　隐藏骨骼

五、制作 IK 形状动画

下面制作 IK 形状动画，具体操作方法如下：

Step 01 新建 Flash 文档，并将其保存为"IK 形状动画"，设置舞台大小为 800 像素×600 像素。使用矩形工具在舞台上绘制一个只有黑色填充的矩形，如图 9-66 所示。

Step 02 使用选择工具将矩形调整为如图 9-67 所示的形状。

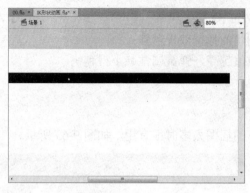

图 9-66　绘制矩形

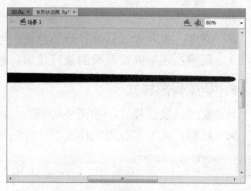

图 9-67　调整矩形形状

Step 03 选择骨骼工具，自形状的左端开始在形状内部单击并向右拖动，创建根骨骼。用相同的方法依次创建其他子级骨骼。在绘制骨骼过程中，建议将骨骼长度逐渐变短，这样就能创建出更加切合实际的动作，如图 9-68 所示。

Step 04 延长骨架图层的帧数至 80 帧，然后将播放头移至第 20 帧，使用选择工具编辑骨架，改变其形状，如图 9-69 所示。

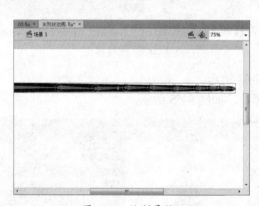

图 9-68　绘制骨骼

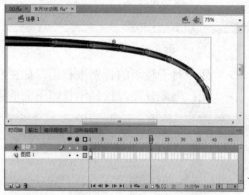

图 9-69　编辑骨架

Step 05 将播放头置于第 1 帧，使用选择工具编辑骨架，改变其形状，如图 9-70 所示。

Step 06 将播放头置于第 40 帧，使用选择工具编辑骨架，改变其形状，如图 9-71 所示。

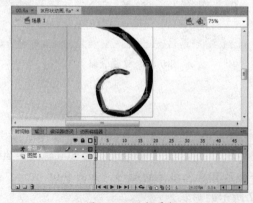

图 9-70　编辑骨架

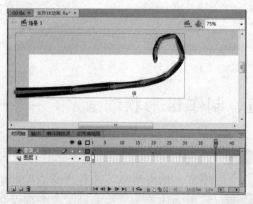

图 9-71　编辑骨架

Step 07 按住【Shift】键，拖动骨骼旋转该骨骼，而不改变其父级骨骼形状，如图 9-72 所示。

Step 08 选中第 20 帧并右击，在弹出的快捷菜单中选择"复制姿势"命令，如图 9-73 所示。

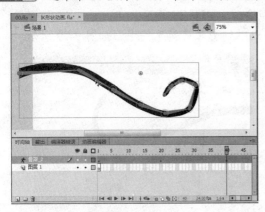

图 9-72　旋转骨骼　　　　　　　　　　　图 9-73　选择"复制姿势"命令

Step 09 选中第 60 帧并右击，在弹出的快捷菜单中选择"粘贴姿势"命令，如图 9-74 所示。

Step 10 用同样的方法，将第 1 帧中的姿势粘贴到第 80 帧，如图 9-75 所示。

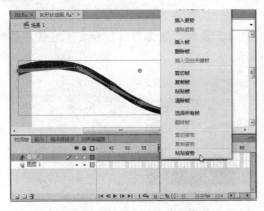

图 9-74　选择"粘贴姿势"命令　　　　　　图 9-75　复制姿势

Step 11 选中第 20~40 帧间的任意一帧，打开"属性"面板，设置缓动类型为"简单（慢）"，
"强度"为 100，如图 9-76 所示。

Step 12 双击骨架图层的帧，将其全部选中并右击，在弹出的快捷菜单中选择"复制帧"
命令，如图 9-77 所示。

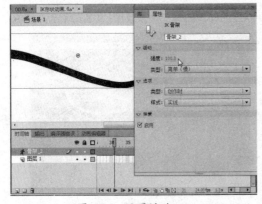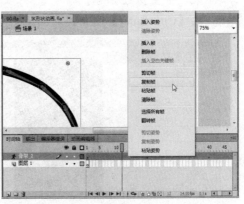

图 9-76　设置缓动　　　　　　　　　　　图 9-77　选择"复制帧"命令

Step 13 按【Ctrl+F8】组合键，新建"IK 运动"影片剪辑元件。右击该元件的第 1 帧，在弹出的快捷菜单中选择"粘贴帧"命令，如图 9-78 所示。

Step 14 此时，即可将所创建的 IK 形状动画粘贴到影片剪辑元件中，如图 9-79 所示。

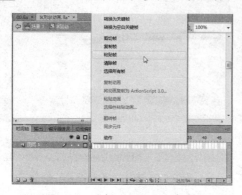
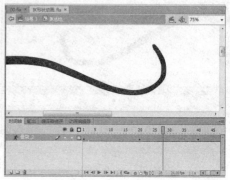

图 9-78　选择"粘贴帧"命令　　　　　　　　图 9-79　查看粘贴帧效果

Step 15 返回场景，在"时间轴"面板中删除骨架图层。打开"库"面板，拖动"IK 运动"元件到舞台中，如图 9-80 所示。

Step 16 选中舞台中的实例，在"属性"面板中为其添加"渐变斜角"和发光滤镜，然后将舞台背景设置为黑色，如图 9-81 所示。

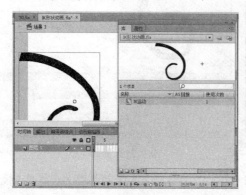
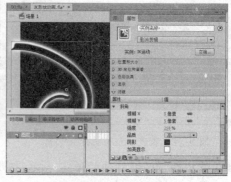

图 9-80　创建影片剪辑实例　　　　　　　　　图 9-81　添加滤镜

Step 17 复制实例并将其进行水平翻转，调整位置，然后在"属性"面板中更改其色彩效果，如图 9-82 所示。

Step 18 按【Ctrl+Enter】组合键，测试制作的 IK 形状动画，效果如图 9-83 所示。

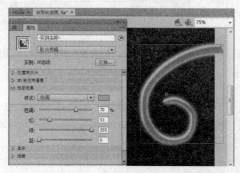
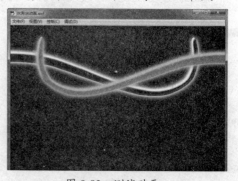

图 9-82　复制并更改实例　　　　　　　　　　图 9-83　测试动画

项目小结

通过本项目的学习，读者应重点掌握以下知识：

（1）使用 3D 平移工具和 3D 旋转工具在舞台的 3D 空间中移动和旋转影片剪辑实例来创建 3D 效果。

（2）在平移或旋转 3D 对象时，按【D】键可以临时从全局模式切换到局部模式。

（3）调整透视角度，可以控制 3D 影片剪辑视图在舞台上的外观视角。调整消失点，可以控制舞台上 3D 影片剪辑的 Z 轴方向。透视角度和消失点都属于文档属性，它会影响所有的 3D 影片剪辑实例。

（4）可以通过两种方式使用 IK 骨架：使用形状作为多块骨骼的容器，将影片剪辑实例链接起来。

（5）当向影片剪辑实例或形状添加骨骼时，Flash 将在"时间轴"面板中自动创建姿势图层（显示为骨架图层），以制作 IK 动画。

（6）在创建骨架之后，仍然可以向该骨架添加来自不同图层的新实例。在将新骨骼拖动到新实例后，Flash 会将该实例移动到骨架的姿势图层。

（7）通过编辑 IK 骨架来定位姿势。

项目习题

（1）使用 3D 旋转工具制作翻书动画，效果如图 9-84 所示。

操作提示：

调整 3D 旋转控件到图片的左侧边缘，然后进行 3D 翻转操作。

（2）使用骨骼工具制作 IK 实例动画，效果如图 9-85 所示。

图 9-84　翻书动画

图 9-85　IK 实例动画

项目十　声音和视频在动画中的应用

项目概述

　　在 Flash 动画中，通过添加声音和视频文件可以丰富动画的内容，增强动画的效果，帮助渲染动画，使其更加生动、有趣。在本项目中，将详细介绍如何在 Flash 中应用声音和视频文件。

项目重点

- 了解 Flash 所支持的声音和视频格式。
- 掌握为动画添加声音的操作方法。
- 熟悉编辑和压缩声音的操作方法。
- 掌握导入视频文件的多种方法。

项目目标

- 能够为 Flash 动画添加合适的音效或背景音乐。
- 能够根据需要对声音效果进行适当的设置。
- 能够正确地在 Flash 文档中导入外部视频。

任务一　声音在动画中的应用

任务概述

　　声音是影片的重要组成部分，加入在影片中会使动画更加生动、自然。在 Flash 中，既可以为整部影片加入声音，也可以单独为影片中的某个元件添加声音。此外，在 Flash 中还可以对导入的声音文件进行编辑，制作出需要的声音效果。在本任务中，将详细介绍如何为动画添加声音，以及如何对音频文件进行编辑。

任务重点与实施

一、Flash 声音类型

用户可以将以下格式的声音文件导入到 Flash 中：

- ➤ ASND（Windows 或 Macintosh），这是 Adobe Soundbooth 的本机声音格式。
- ➤ WAV（仅限 Windows）。
- ➤ AIFF（仅限 Macintosh）。
- ➤ MP3（Windows 或 Macintosh）。

如果系统中安装了 QuickTime 4 或更高版本，则可以导入这些附加的声音文件格式：

- ➤ AIFF（Windows 或 Macintosh）。
- ➤ Sound Designer II（仅限 Macintosh）。
- ➤ 只有声音的 QuickTime 影片（Windows 或 Macintosh）。
- ➤ Sun AU（Windows 或 Macintosh）。
- ➤ System 7 声音（仅限 Macintosh）。
- ➤ WAV（Windows 或 Macintosh）。

> 　　在向 Flash 添加声音前，用户可以考虑使用专业的声音处理软件对音频文件进行处理，如 Cooledit、Adobe Audition、GoldWave 等。

二、为动画添加声音

下面将介绍如何为动画添加声音，具体操作方法如下：

Step 01 打开素材文件"海浪.fla"，单击"文件"|"导入"|"导入到库"命令，如图 10-1 所示。

Step 02 弹出"导入到库"对话框，选择音频文件，单击"打开"按钮，如图 10-2 所示。

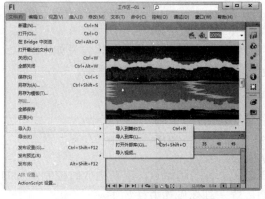

图 10-1　选择"导入到库"命令

图 10-2　选择音频文件

Step 03 新建"图层 2"，打开"库"面板，将音频文件拖至舞台中，如图 10-3 所示。

Step 04 此时，即可在"图层 2"中添加音频对象，如图 10-4 所示。

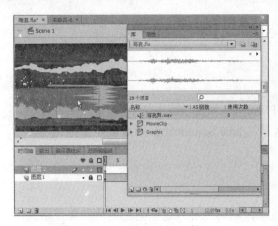

图 10-3　将音频文件拖至舞台

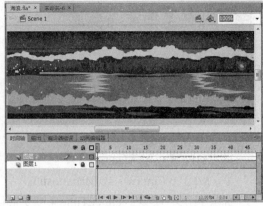

图 10-4　添加音频

Step 05 选择"图层 2"中的任意一帧，在"属性"面板中单击"效果"下拉按钮，在弹出的下拉列表中选择所需的声音效果，如图 10-5 所示。

Step 06 若要删除音频文件，可在"属性"面板中单击"名称"下拉按钮，在弹出的下拉列表中选择"无"选项，如图 10-6 所示。

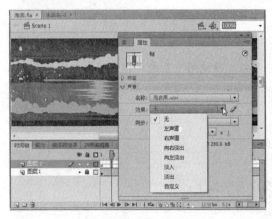

图 10-5　选择声音效果

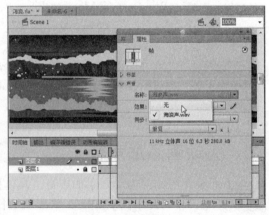

图 10-6　删除动画声音

三、设置声音效果

用户可以在"属性"面板中选择所需的声音效果，各效果选项的具体含义如下：

➢ **无**：不对声音文件应用效果。选择此选项，将删除已经应用的效果。

➢ **左声道/右声道**：只在左声道或右声道中播放声音。

➢ **向右淡出/向左淡出**：将声音从一个声道切换到另一个声道。

➢ **淡入**：随着声音的播放逐渐增加音量。

➢ **淡出**：随着声音的播放逐渐减小音量。

除了预设的声音效果外，还可以根据需要定义声音的起始点，或在播放时控制声音的音量。还可以改变声音开始播放和停止播放的位置，具体操作方法如下：

Step 01 在"效果"下拉列表中选择"自定义"选项，或者单击"效果"右侧的"编辑声音封套"按钮，弹出"编辑封套"对话框，从中拖动"开始时间"和"停止时间"控件，即可改变声音的起始点和终止点，如图 10-7 所示。

Step 02 封套线显示声音播放时的音量，若要更改声音封套，可拖动封套手柄来改变声音中不同点处的级别，如图 10-8 所示。单击封套线，可创建其他封套手柄（最多 8 个）；将手柄拖出窗口，可以删除封套手柄。

图 10-7 改变起始点和终止点

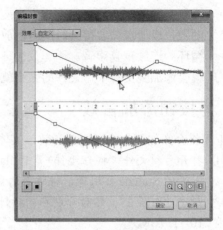

图 10-8 自定义声音效果

四、设置声音同步选项

在"属性"面板的"声音"组中单击"同步"下拉按钮，在弹出的下拉列表中选择所需的选项，如图 10-9 所示。

图 10-9 选择"同步"选项

各"同步"选项的具体含义如下：

➤ **事件**：将声音和一个事件的发生过程同步。事件声音（如单击按钮时播放的声音）在显示其起始关键帧时开始播放，并独立于时间轴完整播放，即使 SWF 文件停止播放也会继续。当播放发布的 SWF 文件时，事件声音会混合在一起。如果事件声音正在播放，而声音再次被实例化（如再次单击按钮），则第一个声音实例继续播放，另一个声音实例同时开始播放。

➤ **开始**：与"事件"选项的功能相近，但是如果声音已经在播放，则新声音实例就不会播放。

➤ **停止**：使指定的声音静音。

> **数据流**：将同步声音以便在网站上播放。Flash 强制动画和音频流同步。与事件声音不同，音频流随着 SWF 文件的停止而停止，而且音频流的播放时间绝对不会比帧的播放时间长。音频流的一个示例就是动画中一个人物的声音在多个帧中播放。

> **重复**：输入一个值，以指定声音应循环的次数。要连续播放，可输入一个足够大的数，以便在扩展持续时间内播放声音。

> **循环**：连续重复声音。不建议循环播放音频流，如果将音频流设为循环播放，帧就会添加到文件中，文件的大小就会根据声音循环播放的次数而倍增。

五、为按钮添加音效

下面将介绍如何为按钮添加音效，具体操作方法如下：

Step 01 打开素材文件"按钮元件+声音.fla"文件，并打开"库"面板。打开 Flash CS6 附带的 Sounds 公用库，将所需的声音文件拖入"库"面板中，如图 10-10 所示。

Step 02 新建"图层 2"，然后分别在"指针经过"帧和"按下"帧插入空白关键帧，如图 10-11 所示。

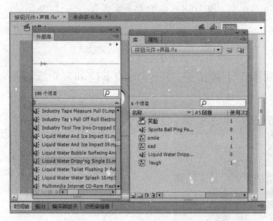

图 10-10　导入音频素材

图 10-11　插入空白关键帧

Step 03 选择"指针经过"帧，在"属性"面板中的"声音"选项组中单击"名称"下拉按钮，选择所需的音频文件，如图 10-12 所示。

Step 04 用同样的方法，在"按下"帧插入音频文件，如图 10-13 所示。

图 10-12　设置"指针经过"帧声音

图 10-13　设置"按下"帧声音

六、声音的压缩

若动画中导入的声音文件很大，则有必要将其在 Flash 中进行压缩，以减小整个影片的大小。

1．选择压缩选项

要压缩声音，可在"库"面板中双击音频文件的图标，如图 10-14 所示。此时，将弹出"声音属性"对话框，在"压缩"下拉列表中选择所需的选项并进行参数设置，如图 10-15 所示。设置完成后，单击"测试"按钮进行播放即可。

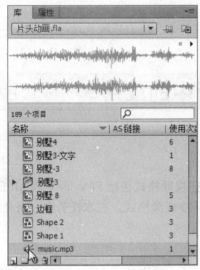

图 10-14　双击音频图标

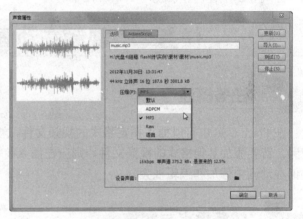

图 10-15　选择"压缩"选项

2．ADPCM 压缩选项

ADPCM 压缩用于设置 8 位或 16 位声音数据的压缩。导出较短的事件声音（如单击按钮）时，可使用 ADPCM 设置。在"预处理"选项中选中"将立体声转换成单声道"复选框，即可将混合立体声转换成单声道。

"采样率"用于控制声音保真度和文件大小。较低的采样比率会减小文件大小，但也会降低声音品质。

"采样率"选项的含义如下：

- ➢ **5 kHz**：对于语音来说，这是最低可接受标准。
- ➢ **11 kHz**：对于音乐短片段来说，这是建议的最低声音品质，是标准 CD 比率的 1/4。
- ➢ **22 kHz**：这是用于 Web 播放的常用选择，是标准 CD 比率的 1/2。
- ➢ **44 kHz**：这是标准的 CD 音频比率。

"ADPCM 位"用于指定声音压缩的位深度。位深度越高，生成的声音的品质就越高。

3．MP3 压缩选项

MP3 压缩可以以 MP3 压缩格式导出声音。当导出乐曲这类较长的音频流时，可选择使用 MP3 选项。若要导出一个以 MP3 格式导入的文件，导出时可以使用该文件导入时的相同设置。使用导入的 MP3 品质默认设置，这时可选中"使用与导入 MP3 品质"复选框。若取消选择该复选框，可以进行"比特率"和"品质"设置。

"比特率"用于确定已导出声音文件中每秒的位数。导出音乐时，为了获得最佳效果，应将比特率设置为 16 Kbps 或更高。

"品质"决定了压缩速度和声音品质，各选项的含义如下：

➤ **快速：** 此选项的压缩速度较快，但声音品质较低。

➤ **Medium：** 此选项的压缩速度较慢，但声音品质较高。

➤ **Best：** 此选项的压缩速度最慢，但声音品质最高。

4. Raw 语音和语音压缩选项

Raw 压缩即原始压缩选项，根据需要选择所需的采样率。语音压缩选项适合以语音的压缩方式导出声音，建议使用 11kHz 比率。

任务二　视频在动画中的应用

任务概述

在 Flash CS6 中可以插入指定格式的视频文件，这些视频格式包括 FLV、F4V 和 MPEG 视频。若要添加其他格式的视频文件，则应在插入前转换视频格式。在本任务中，将介绍如何在动画中添加和编辑视频。

任务重点与实施

一、导入本地视频文件

下面将介绍如何导入本地电脑上的视频，具体操作方法如下：

Step 01 单击"文件"|"导入"|"导入视频"命令，如图 10-16 所示。

Step 02 弹出"导入视频"对话框，选中"在您的计算机上"单选按钮，并选中"使用播放组件加载外部视频"单选按钮，单击"浏览"按钮，如图 10-17 所示。

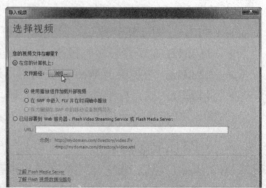

图 10-16　选择"导入视频"命令　　　　图 10-17　设置导入视频选项

Step 03　弹出"打开"对话框，选择视频文件，单击"打开"按钮，如图 10-18 所示。

Step 04　返回"导入视频"对话框，从中可查看视频文件路径，单击"下一步"按钮，如图 10-19 所示。

图 10-18　选择视频文件

图 10-19　查看视频文件路径

Step 05　进入"设定外观"界面，单击"外观"下拉按钮，在弹出的下拉列表中选择播放器外观，然后单击"下一步"按钮，如图 10-20 所示。

Step 06　进入"完成视频导入"界面，单击"完成"按钮，如图 10-21 所示。

10-20　选择播放器外观

图 10-21　完成视频导入

Step 07　此时，即可将视频文件添加到桌面上。单击"播放"按钮，开始播放视频，如图 10-22 所示。

Step 08　打开"属性"面板，从中可设置组件属性。取消选中 autoPlay 复选框，可禁用自动播放，如图 10-23 所示。

图 10-22　播放视频

图 10-23　设置"组件"参数

二、导入 Web 服务器视频

如果视频文件在 Web 服务器上，可以将其导入 Flash 动画文件中，具体操作方法如下：

Step 01 打开"导入视频"对话框，选中"已经部署到 Web 服务器、Flash Video Streaming Service 或 Flash Media Sever"单选按钮，然后输入视频的 URL 地址，单击"下一步"按钮，根据向导进行操作，如图 10-24 所示。

Step 02 视频导入完成后，即可将视频文件添加到舞台中，如图 10-25 所示。

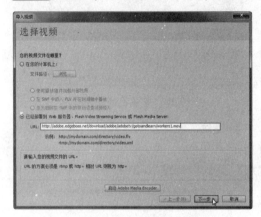 

图 10-24　输入视频 URL　　　　　　图 10-25　导入 Web 视频

Step 03 若要更改视频路径，可在"属性"面板中单击 🖉 按钮，然后在弹出的对话框中输入新的路径，单击"确定"按钮，如图 10-26 所示。

Step 04 按【Ctrl+Enter】组合键，查看导入的 Web 服务器视频效果，如图 10-27 所示。

10-26　更改视频路径　　　　　　图 10-27　查看导入视频效果

三、在 Flash 文件内嵌入视频文件

用户可以将 FLV 格式的视频文件嵌入到 Flash 文件中，需在"导入视频"对话框中选中"在 SWF 中嵌入 FLV 并在时间轴中播放"单选按钮即可，这将导致生成的 SWF 文件较大。

视频被放置在时间轴中，可以在此查看在时间轴帧中显示的单独视频帧。由于每个视频帧都由时间轴中的一个帧表示，因此视频剪辑和 SWF 文件的帧速率必须设置为相同的速率。如果对 SWF 文件和嵌入的视频剪辑使用不同的帧速率，视频播放将不一致。对于短小的视频剪辑（如播放少于 10 秒的），可以选择将视频嵌入到 Flash 文件中。

项目小结

通过本项目的学习，读者应重点掌握以下知识：

（1）Flash 中包含两种声音类型：事件声音和音频流。

（2）声音可以独立于时间轴连续播放，或使用时间轴将动画与音轨保持同步。

（3）对声音进行适当的压缩可以减小 Flash 文件的大小，以利于传播。

（4）可以使用三种不同的方法将视频文件添加到 Flash 中：链接本地视频、链接 Web 服务器视频和嵌入视频文件。

项目习题

（1）为补间动画添加声音。

操作提示：

① 将音频文件导入库中。

② 选择补间动画的任意一帧。

③ 在"属性"面板的"声音"组中选择音频文件（如图 10-28 所示），然后在"同步"设置中选择"数据流"选项，使声音与动画同步。

（2）修改视频文件的色调。

操作提示：

① 将视频文件导入到舞台中。

② 选中视频文件，按【F8】键将其转换为影片剪辑元件。

③ 在"属性"面板中设置实例的色调，效果如图 10-29 所示。

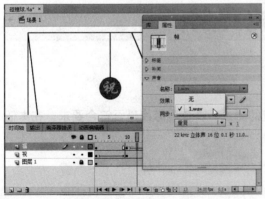

图 10-28　选择音频文件

图 10-29　测试动画

项目十一　Flash 动画的发布与导出

项目概述

　　Flash 动画制作完成后可以对其进行测试，测试结束还可以将其发布为网页或放映文件。在本项目中，将详细介绍如何发布和导出 Flash 动画。

项目重点

- 掌握测试影片的操作方法。
- 熟悉 SWF 文件和 HTML 文件的发布设置方法。
- 掌握导出动画图像的方法。
- 熟悉优化动画的方法。

项目目标

- 能够正确地进行发布设置。
- 能够导出所需的动画素材。

任务一　测试影片

任务概述

　　在发布影片前，通常需要对影片进行相应的测试，以查看影片是否符合要求。在本任务中，将介绍如何测试影片及场景。

任务重点与实施

一、测试影片

Step**01**　打开素材文件"片头动画.fla"，按【Ctrl+Enter】组合键，或者单击"控制"｜"测试影片"｜"测试"命令，如图 11-1 所示。

Step 02 此时即可对影片进行测试，效果如图 11-2 所示。

图 11-1　选择"测试"命令

图 11-2　测试影片

二、测试场景

在制作动画的过程中可能会创建多个场景，或在一个场景中创建多个影片剪辑动画效果。用户可根据需要对场景或动画元件进行测试，具体操作方法如下：

Step 01 双击场景中的元件实例，进入元件编辑状态，如图 11-3 所示。

Step 02 单击"控制"｜"测试场景"命令或按【Ctrl+Alt+Enter】组合键，即可预览元件播放效果，如图 11-4 所示。测试场景时，按【Enter】键即可播放/暂停动画。

图 11-3　进入元件编辑状态

图 11-4　测试影片剪辑元件

任务二　发布动画

任务概述

默认情况下，发布动画会创建一个 Flash SWF 文件和一个 HTML 文档。该 HTML 文档会将 Flash 内容插入到浏览器窗口中。在本任务中，将详细介绍如何进行发布设置，以及如何发布动画。

任务重点与实施

一、SWF 文件的发布设置

单击"文件"|"发布设置"命令，弹出"发布设置"对话框。在左侧"发布"列表中选择 Flash（.swf）选项，在右侧可以进行 SWF 发布设置，如图 11-5 所示。

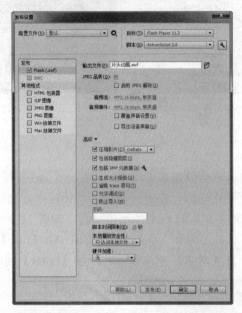

图 11-5　SWF 文件发布设置

其中，各选项的功能如下：

- **目标**：用于设置输出动画的 Flash Player 版本。
- **脚本**：用于设置导出 Flash 影片的 ActionScript 版本。
- **JPEG 品质**：用于将动画中的所有位图保存为具有一定压缩率的 JPEG 文件。
- **启用 JPEG 解块**：选中该复选框，可使高度压缩的 JPEG 图像显得更加平滑。此选项可减少由于 JPEG 压缩导致的典型失真，如图像中通常出现的 8 像素×8 像素的马赛克。选中此复选框后，一些 JPEG 图像可能会丢失少量细节。
- **音频流和音频事件**：用于设置动画中音频文件的采样率和压缩。
- **覆盖声音设置**：选中该复选框，覆盖在属性检查器"声音"部分中为个别声音进行的设置。
- **导出设备声音**：选中该复选框，导出适合设备（包括移动设备）的声音，而不是原始库声音。
- **压缩影片**：选中该复选框，可以对动画进行压缩处理，这样能减小动画所占用的空间。
- **包括隐藏图层**：选中该复选框，导出 Flash 文档中的所有隐藏图层。
- **包括 XMP 元数据**：选中该复选框，单击 按钮，弹出"文件信息"对话框，导出输入的所有元数据。

- ➢ **生成大小报告**：选中该复选框，可以创建一个文本文件，记录最终导出动画的相关参数。
- ➢ **省略 trace 语句**：选中该复选框，可使 Flash 忽略当前动画中的"跟踪"命令。
- ➢ **允许调试**：选中该复选框，激活调试器，并允许远程调试 Flash SWF 文件。
- ➢ **防止导入**：选中该复选框，可防止发布的动画文件被他人下载后导入到 Flash 应用程序中进行编辑。
- ➢ **密码**：如果使用的是 ActionScript 2.0，并且选中了"允许调试"或"防止导入"复选框，则需要在"密码"文本字段中输入密码。如果添加了密码，则其他用户必须输入该密码才能调试或导入 SWF 文件。

二、HTML 文件的发布设置

若要在 Internet 上浏览 Flash 动画，就必须创建含有动画的 HTML 文件，并设置好浏览器的属性。在"发布设置"对话框的"发布"列表中选中 HTML 包装器选项，在右侧可进行 HTML 发布设置，如图 11-6 所示。

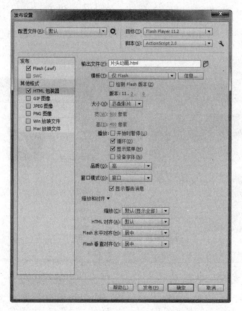

图 11-6　HTML 文件发布设置

其中，各选项的功能如下：

- ➢ **模板**：用于设置所使用的模板，当选定模板后，单击其右侧的"信息"按钮，就会显示出该模板的有关信息。
- ➢ **大小**：用于设置 OBJECT 或 EMBED 标签中嵌入动画的宽和高。其中有 3 个选项，分别如下：

  匹配影片：将尺寸设置为动画的实际尺寸大小。

  像素：可在"宽"和"高"文本框中分别输入所需宽度和高度的值。

  百分比：用于设置该动画相对于浏览器窗口的尺寸大小，在"宽"和"高"文本框中可分别输入宽度和高度百分比。

> **播放**：用于控制 SWF 文件的播放和功能。
> **品质**：通过设置品质的高低，决定抗锯齿的性能水平。
> **窗口模式**：用于设置动画在 Internet Explorer 的透明显示、绝对定位及分层功能。
> **缩放**：用于设置影片的缩放参数，定义动画该如何放置到所设置的尺寸范围中。只有当在文本框中输入的尺寸与动画的原始尺寸不同时，设置此选项才有意义。
> **HTML 对齐**：用于设置 ALIGN 属性，并决定动画窗口在浏览器窗口中的位置。
> **Flash 对齐**：用于设置动画与 HTML 文档"水平"和"垂直"方向的对齐形式，定义动画在动画窗口中的位置，以及将动画裁剪到窗口尺寸的方式。

三、设置发布放映文件

若要发布为 Windows 放映文件，可在"发布设置"对话框的"发布"列表中选中"Win 放映文件"复选框，发布动画后将产生一个 EXE 放映文件，它可以进行独立播放。

四、发布 Flash 动画

发布设置完成后就可以进行动画发布了，单击"文件"|"发布"命令或按【Alt+Shift+F12】组合键，即可发布动画，如图 11-7 所示。发布成功后，在 Flash 文件所在位置将生成如图 11-8 所示的三个文件。

图 11-7　选择"发布"命令　　　　　图 11-8　查看发布文件

专家指导
Expert
guidance

　　Flash Player 播放 Flash 内容的方式与内容在 Web 浏览器或 ActiveX 主机应用程序中的显示方式相同。Flash 播放器随 Flash 应用程序一起安装。具体位置在其安装目录的 Players 文件夹中。

五、导出动画图像

用户可以根据需要从库中或舞台上的各个影片剪辑、按钮或图形元件中导出图像或指定的 SWF 文件，具体操作方法如下：

Step 01　在舞台上选中要导出的图像，单击"文件"|"导出"|"导出图像"命令，如图 11-9 所示。

Step 02　弹出"导出图像"对话框，输入文件名，选择所需的保存类型，然后单击"保存"按钮，如图 11-10 所示。

图 11-9 选择"导出图像"命令

图 11-10 "导出图像"对话框

Step 03 打开导出的文件，查看动画效果，如图 11-11 所示。

还可以从"库"面板中导出图像，方法为：右击库对象，在弹出的快捷菜单中选择所需的导出命令，如图 11-12 所示。

图 11-11 查看导出文件

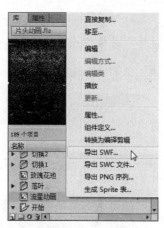

图 11-12 选择导出命令

任务三 优化动画

任务概述

当 Flash 动画在互联网上进行展示时，其质量与数量会直接影响动画的播放速度和时间。质量越高，文档越大，下载时间就越长，从而导致动画播放的速度会越慢，所以对 Flash 影片的优化是非常必要的。

任务重点与实施

一、影片整体优化

当一个动画影片制作完成后，需要对其进行一些后期处理，使制作的动画效果更加完善。从整体上来说，优化影片需要从以下几个方面进行考虑：

（1）在制作动画时，对于需要多次使用的对象应将其转化为元件，这样既可以减少工作量，提高工作效率，也可以减小动画文件的大小。

（2）在制作动画时，应尽可能少地使用关键帧，以减小文件的大小。

（3）在制作大的动画时，可以将其分解为多个小动画来实现。

（4）若用到外部位图图像，尽可能将其作为背景或静态元素使用。

（5）向动画中添加声音时，应尽量使用 MP3 格式的声音文件。

二、对象和线条优化

（1）不同的对象应放置在不同的图层中，以便于制作动画。

（2）使用"优化"命令对线条进行优化处理，尽可能减少描述形状的分割线条数量。

（3）尽量使用实线，避免使用虚线、点状线、锯齿状线等特殊线条。

三、文字优化

尽可能少地使用嵌入字体，以减小文件的大小。当必须使用嵌入字体时，应在"嵌入字体"选项中设置需要的字符，而不要包括全部字体。

四、动作脚本优化

在脚本中尽量少使用全局变量，并将多次用到的代码块设置为函数。在 SWF "发布设置"中选中"省略 trace 语句"复选框，在发布影片时不使用 trace 动作。

项目小结

通过本项目的学习，读者应重点掌握以下知识：

（1）在完成动画制作后，根据需要对其进行必要的发布设置。

（2）可根据需要将选定的动画内容导出为 SWF 影片、BMP 位图、JPEG 图像、GIF 图像以及 PNG 序列。

项目习题

（1）导出补间动画图片序列。

操作提示：

可以从库中或舞台上的各个影片剪辑、按钮或图形元件中导出一系列图像文件。方法为：在"库"面板中选择一个元件（如一个包含补间的影片剪辑元件），然后在弹出的快捷菜单中选择"导出 PNG 序列"命令即可。

（2）调试影片。

操作提示：

单击"调试"|"调试影片"|"调试"命令，即可打开调试器，然后在测试环境下打开 SWF 文件。